非线性水波层析
理论与源码

赵彬彬 段文洋 郑 坤 著

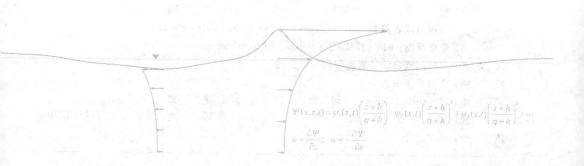

清华大学出版社
北 京

内容简介

本书阐述了非线性水波层析理论,并对数值方法和源码进行了详细说明。全书共分 9 章:第 1 章介绍非线性水波理论的发展;第 2 章论述非线性水波无旋层析水波理论的建立;第 3 章重点介绍非线性水波层析理论的数值算法与源码;第 4 章介绍聚焦波和畸形波的数值模拟;第 5 章介绍长峰不规则波的数值模拟;第 6 章介绍规则波的数值模拟,包括波前问题、风压兴波问题等;第 7 章介绍孤立波的数值模拟;第 8 章介绍非线性水波的三维层析水波理论;第 9 章介绍多向不规则波数值模拟。

本书可供从事船舶与海洋工程、海岸与近海工程等学科方向的研究生及科研人员参考。

版权所有,侵权必究。举报:010-62782989,beiqinquan@tup.tsinghua.edu.cn。

图书在版编目(CIP)数据

非线性水波层析理论与源码/赵彬彬,段文洋,郑坤著. —北京:清华大学出版社,2020.12
ISBN 978-7-302-57195-7

Ⅰ. ①非… Ⅱ. ①赵… ②段… ③郑… Ⅲ. ①海洋-水波-非线性波-水动力学-数值模拟-研究 Ⅳ. ①TV139.2

中国版本图书馆 CIP 数据核字(2020)第 262171 号

责任编辑:冯　昕　赵从棉
封面设计:傅瑞学
责任校对:赵丽敏
责任印制:杨　艳

出版发行:清华大学出版社
　　　　网　　址:http://www.tup.com.cn,http://www.wqbook.com
　　　　地　　址:北京清华大学学研大厦 A 座　　邮　编:100084
　　　　社 总 机:010-62770175　　　　　　　　　邮　购:010-62786544
　　　　投稿与读者服务:010-62776969,c-service@tup.tsinghua.edu.cn
　　　　质量反馈:010-62772015,zhiliang@tup.tsinghua.edu.cn
印 装 者:大厂回族自治县彩虹印刷有限公司
经　　销:全国新华书店
开　　本:170mm×240mm　　印　张:7.25　　字　数:128 千字
版　　次:2020 年 12 月第 1 版　　　　　　　　印　次:2020 年 12 月第 1 次印刷
定　　价:45.00 元

产品编号:087537-01

  极端海浪力学是近年来人们非常关注的一个研究方向和热点。海浪作为船舶、海洋平台等各类海洋结构物的主要环境载荷,强非线性极端海浪对海洋结构物的安全存在极大的威胁,在各类海洋结构物的设计、分析评估、运维等过程中首先需要确定科学的极端海浪流场。

  层析水波理论是最近十年来快速发展的一类强非线性水波理论,适合强非线性极端海浪的高效模型研究。它通过垂向积分进行降维,计算效率高,没有引入任何小参数,没有使用摄动展开和泰勒展开,不同级别的层析水波理论可以独立求解,不需要按级别依次求解。层析水波理论只是引入了流体质点运动速度沿水深方向上的变化形式,通过自收敛性分析可以保证引入的速度垂向假设的合理性。

  对于无旋流动问题,本书介绍的无旋层析水波理论的计算精度和计算效率都极高。一方面可以用于变化浅水/有限水深波浪、深水波浪问题的研究,另一方面可以与船舶与海洋结构物水动力性能分析的计算流体力学(computational fluid dynamics,CFD)粘流方法和势流方法进行单向耦合或双向耦合,为CFD粘流方法提供高效的造波和消波功能,也能大大减小CFD方法的计算区域,大幅提高其计算效率。

  本书重点介绍作者编写的无旋层析水波理论程序源代码,并对源码的编制细节进行了详细的说明,便于其他研究学者或研究生学习和使用。之后,介绍了层析水波理论在单向聚焦波和畸形波数值模拟、长峰不规则波数值模拟、长峰不规则波统计特性、海上实测畸形波列的数值重现、浅水/有限水深/深水规则波数值模拟、规则波波前问题、风压兴波问题、规则波传播变形问题、孤立波数值模拟、孤立波碰撞数值模拟、孤立波在非平整地形传播变形、多向不规则波数值模拟、多向聚焦波数值模拟等方面的研究和应用。

  本书内容丰富,介绍全面,为其他研究人员和研究生提供了层析水波理论数值算法和源码的研究基础。本书介绍的源码可通过扫描以下二维码获取。

  本书所述内容都是在哈尔滨工程大学船舶工程学院完成的。作者的研究工作得到了国家自然科学基金重大项目(51490671)和国家自然科学基金面上项目(11272099)的资助,在此表示感谢。

  由于时间仓促,书中不足和疏漏之处,敬请读者指正。

作 者

2020 年 10 月

源码　　　　　　　文前彩插

目录

第1章 绪论 ▶ 1
  1.1 非线性波浪理论研究概述 ……………………………………………… 1
  1.2 层析水波理论 …………………………………………………………… 2

第2章 二维层析水波理论 HLIGN 有限水深模型 ▶ 4
  2.1 无粘不可压缩流体的控制方程和边界条件 …………………………… 4
  2.2 二维层析水波理论 HLIGN 有限水深模型的方程 …………………… 5

第3章 数值算法与源代码实现 ▶ 7
  3.1 程序设计 ………………………………………………………………… 7
  3.2 读入计算控制参数子程序 ……………………………………………… 9
  3.3 读入波浪参数子程序 …………………………………………………… 11
  3.4 计算备用的积分函数 …………………………………………………… 12
  3.5 建立文件及流场初始化子程序 ………………………………………… 14
  3.6 阻尼区消波子程序 ……………………………………………………… 15
  3.7 全局数值平滑子程序 …………………………………………………… 17
  3.8 线性到非线性过渡区数值平滑子程序 ………………………………… 18
  3.9 保留之前时刻计算结果子程序 ………………………………………… 20
  3.10 预测子程序 …………………………………………………………… 21
  3.11 更新边界条件子程序 ………………………………………………… 22
  3.12 流函数系数拟合子程序 ……………………………………………… 24
  3.13 求解空间导数子程序 ………………………………………………… 27
  3.14 求解层析水波理论方程系数子程序 ………………………………… 29
  3.15 合成矩阵子程序 ……………………………………………………… 33
  3.16 更新当前时刻方程组子程序 ………………………………………… 34
  3.17 求解方程子程序 ……………………………………………………… 37

3.18 存储当前时刻的计算结果子程序 ………………………………………… 40
3.19 校正子程序 ……………………………………………………………… 41
3.20 当前时间步内迭代收敛判断子程序 …………………………………… 42
3.21 当前时间步计算结果的输出子程序 …………………………………… 43
3.22 关闭文件子程序 ………………………………………………………… 45
3.23 其他子程序 ……………………………………………………………… 45

第4章 聚焦波和畸形波数值模拟 ▶ 48

4.1 聚焦波的实验室模拟 ………………………………………………………… 48
    4.1.1 数值策略 ……………………………………………………………… 49
    4.1.2 弱非线性聚焦波 ……………………………………………………… 52
    4.1.3 强非线性宽谱聚焦波 ………………………………………………… 55
    4.1.4 强非线性窄谱聚焦波 ………………………………………………… 56
4.2 海洋观测畸形波的重现 …………………………………………………… 59

第5章 长峰不规则波模拟 ▶ 62

5.1 长峰不规则波的时间历程 ………………………………………………… 62
5.2 长峰不规则波的谱分析 …………………………………………………… 64
5.3 长峰不规则波的短期统计 ………………………………………………… 64

第6章 规则波演化数值模拟 ▶ 66

6.1 平整地形上规则波传播问题 ……………………………………………… 66
    6.1.1 浅水规则波 …………………………………………………………… 66
    6.1.2 有限水深规则波 ……………………………………………………… 68
    6.1.3 深水规则波 …………………………………………………………… 70
    6.1.4 波前问题 ……………………………………………………………… 72
    6.1.5 风压兴波问题 ………………………………………………………… 75
6.2 非平整地形上规则波的传播变形问题 …………………………………… 79

第7章 孤立波变化数值模拟 ▶ 82

7.1 单个孤立波的数值模拟 …………………………………………………… 82
7.2 孤立波碰撞 ………………………………………………………………… 83
7.3 孤立波与地形作用 ………………………………………………………… 85

第8章 三维层析水波理论 HLIGN 有限水深模型 ▶ 87

8.1 三维层析水波理论 HLIGN 有限水深模型的方程 ……………………… 87

8.2 数值算法 ·· 89

第 9 章 多向不规则波模拟 ▶ 91

9.1 短峰不规则波数值模拟 ·· 91

9.2 三维聚焦波数值模拟 ··· 95

附录 ▶ 99

附录 A 定义变量的模块 ··· 99

附录 B 维度大小设置 ·· 101

参考文献 ▶ 102

第 1 章 绪 论

1.1 非线性波浪理论研究概述

非线性波浪理论和数值模型研究方面,主要有高阶 Stokes 波浪理论、流函数波浪理论、高阶 Boussinesq 方程、高阶谱(high order spectrum,HOS)方法、调和多项式单元(harmonic polynomial cell,HPC)方法、非静压水波模型、层析水波理论等。

高阶 Stokes 波浪理论如五阶 Stokes 波浪理论、流函数波浪理论主要用于对强非线性规则波的研究。采用高阶 Boussinesq 方程可以对不规则波浪传播问题进行研究(Gobbi et al.,2000;邹志利,2005;Madsen et al.,2010;张洪生等,2011;Shi et al.,2012),近年来刘忠波等(2016,2018,2020)提出的多层 Boussinesq 方程可以用来对深水中强色散性波浪进行研究。

在 HOS 方法方面,通过改进边界条件,可以对强非线性规则波和不规则波进行模拟(李金宣等,2008;Guyenne et al.,2008;赵西增等,2009;Ducrozet et al.,2012;Seiffert,Ducrozet,2017a,b)。最新的一些研究关注于将 HOS 方法与 OpenFOAM 耦合,用来研究波浪与结构物相互作用(李婴斌等,2019;肖倩等,2019,2020)。

在 HPC 方法研究方面,邵炎林和 Faltinsen(2012,2014)模拟了变化海底的非线性规则波传播等问题。HPC 方法是一种全非线性势流方法,一些研究者在波物相互作用、非线性聚焦波、孤立波等方面开展了相关研究工作(梁辉等,2015;Zhu et al.,2017;Tong et al.,2019;赵彬彬等,2020;王经博等,2020)。

在非静压模型方面,通过对网格技术和求解算法的改进,可以对水池中的波浪——如非线性规则波、聚焦波和波群演化等问题进行研究(艾丛芳等,2012,2014,2019;邹国良,2013;马玉祥等,2019;董国海等,2019)。

在粘流 CFD 求解器方面,采用一些商用 CFD 软件如 Fluent、Star-CCM+

(Clauss et al.,2005;Gomes et al.,2009;Rij et al.,2019),开源软件如 OpenFOAM、REEF3D 等(Jacobsen et al.,2012;Kamath et al.,2015;季新然等 2016;庄园等,2019),通过对 NS 方程进行求解,也可以实现对非线性波浪的数值模拟。但对于纯波浪问题,NS 方程计算效率不高。

1.2 层析水波理论

Green-Naghdi 理论(简称 GN 理论)最先由 Green 和 Naghdi 等(1976)提出并用来分析非线性自由表面流动问题。GN 理论假设流体质点的水平速度沿水深方向不发生变化,因此,传统的 GN 波浪理论只适合研究浅水中的弱色散性波浪(Serre,1953;Bonneton et al.,2011;Pelinovsky et al.,2015;Hayatdavoodi,Ertekin,2015a,b,2017,2018)。

Shields 和 Webster(1988)对传统 GN 理论进行了改进,允许流体质点水平速度沿垂向呈多项式变化,但是由于推导方程的方法存在一定的不足,导致方程非常长,数值模拟等研究也只停留在流体质点水平速度沿垂向是线性变化的程度(Demirbilek,Webster,1992)。

Webster、段文洋和赵彬彬(2011)推导了紧凑形式的 HLGN 方程(high level Green-Naghdi 方程),可以在垂向使用各种复杂阶数的多项式对波浪问题进行数值模拟,突破了几十年来 GN 理论中流体质点速度沿垂向不变或仅能线性变化的限制。

如果将 HLGN 理论翻译成高级别 GN 理论,则不能反映该理论的本质与核心。由于 HLGN 理论的基础是对沿垂向不同流体层流体速度变化规律的假设,因此段文洋将这种流体质点速度沿水深欧拉框架下遵循某种形状函数假设的水波理论叫作层析水波理论(赵彬彬和段文洋,2014)。

经过十多年的研究,段文洋和赵彬彬将层析水波理论进行了分类,如图 1-1 所示。

由图 1-1,层析水波理论可以分为有旋的 HLGN 模型和无旋的 HLIGN 模型,这两种模型各自又可以分为有限水深和无限水深形式。最终可以分为层析水波理论 HLGN 有限水深模型、层析水波理论 HLGN 无限水深模型、层析水波理论 HLIGN 有限水深模型、层析水波理论 HLIGN 无限水深模型 4 种类型。

(1)层析水波理论 HLGN 有限水深模型研究。该模型采用多项式作为形状函数,经过多年发展,证明该模型能很好地用于非线性规则波、内孤立波、三维波浪

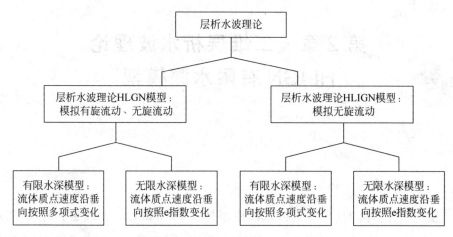

图 1-1 层析水波理论的分类

浅化等复杂波浪传播问题的模拟(赵彬彬等,2014a,b,2015a,2016a),同时也能用于波流相互作用模拟(段文洋等,2016,2018a;赵彬彬等,2017;王战等,2020)。

(2) 层析水波理论 HLGN 无限水深模型研究。郑坤等(2016)采用 $e^{kz}z^n$ 作为形状函数研究波-波相互作用问题。Webster 和赵彬彬(2018)提出了描述流体速度垂向变化的一种新的指数函数 $e^{k_n z}$,使该模型在同样级别下能模拟宽谱的深水波。

(3) 层析水波理论 HLIGN 有限水深模型研究。赵彬彬等(2015b)将 HLIGN 与 HLGN 模型进行了对比分析,发现这两种模型的收敛解等效。段文洋等(2017,2018b)和赵彬彬等(2019,2020)采用 HLIGN 有限水深模型分别对周期波、孤立波稳态解、二维聚焦波和三维波浪浅化进行了研究。

(4) 层析水波理论 HLIGN 无限水深模型研究。段文洋等(2019)采用描述流体运动垂向变化的新指数函数 $e^{k_n z}$ 研究了非线性规则波、聚焦波和随机波。

本书主要介绍层析水波理论 HLIGN 有限水深模型的程序源代码及其相关应用,希望帮助读者快速掌握基于层析水波理论的非线性海浪模拟技术,并运用到学术和工程问题中。

第 2 章　二维层析水波理论 HLIGN 有限水深模型

层析水波理论 HLIGN 有限水深模型是基于 Hamilton 原理建立的，最先由 Kim 等（2001）推导得到。对于无旋流动问题，HLIGN 模型的收敛解与 HLGN 模型的收敛解基本一致，由于 HLIGN 模型方程更为简单，计算效率更高，因此推荐使用 HLIGN 模型。而对于有旋流动问题，HLIGN 模型并不适用，因此推荐使用 HLGN 模型。本书重点介绍无旋流动的数值模拟，因此主要对 HLIGN 模型进行介绍。

2.1　无粘不可压缩流体的控制方程和边界条件

假定流体无粘不可压缩，且流动是无旋的。以二维情况为例，将坐标轴原点建立在静水面上，x 轴正向水平向右，z 轴正向竖直向上。海底形状可以表示为 $z=-h(x)$，自由面的表达式为 $z=\eta(x,t)$，波浪流场如图 2-1 所示。

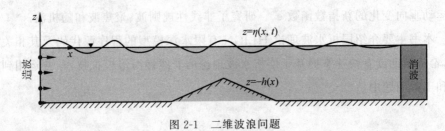

图 2-1　二维波浪问题

无粘不可压缩海浪的控制方程和边界条件如下，其中速度场表示为 (u,w)，压强为 p。

质量守恒方程为

$$\frac{\partial u}{\partial x}+\frac{\partial w}{\partial z}=0 \tag{2-1}$$

动量守恒方程为

$$\frac{\partial u}{\partial t} + u\frac{\partial u}{\partial x} + w\frac{\partial u}{\partial z} = -\frac{1}{\rho}\frac{\partial p}{\partial x}$$

$$\frac{\partial w}{\partial t} + u\frac{\partial w}{\partial x} + w\frac{\partial w}{\partial z} = -\frac{1}{\rho}\left(\frac{\partial p}{\partial z} + \rho g\right) \tag{2-2}$$

非线性自由面运动学边界条件、动力学边界条件和底部条件：

$$w - \frac{\partial \eta}{\partial t} - u\frac{\partial \eta}{\partial x} = 0, \quad p = 0, \quad z = \eta(x,t) \tag{2-3}$$

$$w + u\frac{\partial h}{\partial x} = 0, \quad z = -h(x) \tag{2-4}$$

造波和消波边界条件将在下一章详细介绍。

2.2 二维层析水波理论 HLIGN 有限水深模型的方程

在二维层析水波理论 HLIGN 有限水深模型中（Ertekin et al.,2014；赵彬彬等,2015b），速度场 (u,w) 用流函数 $\Psi(x,z,t)$ 给出，有

$$u = \frac{\partial \Psi}{\partial z}, \quad w = -\frac{\partial \Psi}{\partial x} \tag{2-5}$$

对二维层析水波理论 HLIGN 有限水深模型的流函数作如下近似，即用高阶多项式函数来表达：

$$\Psi(x,z,t) = \sum_{m=1}^{K} \psi_m(x,t) f_m(\gamma) \tag{2-6}$$

其中，取

$$f_m(\gamma) = \gamma^{2m-1} \tag{2-7}$$

且 $\gamma = (z+h)/(\eta+h)$，从水底到波面，γ 在 0～1 之间变化。

根据 Hamilton 原理（Kim et al.,2001），HLIGN 有限水深模型方程如下：

$$\eta_{,t} + \sum_{m=1}^{K} \psi_{m,x} = 0 \tag{2-8}$$

$$\hat{\varphi}_{,t} = -\frac{\partial}{\partial x}\frac{\partial T}{\partial \eta_{,x}} + \frac{\partial T}{\partial \eta} - g\eta \tag{2-9}$$

$$f_m(1)\hat{\varphi}_{,x} = -\frac{\partial}{\partial x}\frac{\partial T}{\partial \psi_{m,x}} + \frac{\partial T}{\partial \psi_m}, \quad m=1,2,\cdots,K \tag{2-10}$$

其中，$\hat{\varphi}(x,t)$ 表示自由面上的势函数；t 和 x 的加逗号的下标表示关于时间和空间的一阶导数。上式中，T 表示动能，其具体表达式如下：

$$T = \frac{1}{2}\int_{-h(x)}^{\eta(x,t)}(u^2+w^2)\,dz$$

$$= \frac{1}{2}\sum_{m=1}^{K}\sum_{n=1}^{K}\{\theta A_{mn}\psi_{m,x}\psi_{n,x} - 2(\theta_{,x}B_{mn}^1 - h_{,x}B_{mn})\psi_{m,x}\psi_n +$$

$$[(1+h_{,x}^2)C_{mn} - 2\theta_{,x}h_{,x}C_{mn}^1 + \theta_{,x}^2 C_{mn}^2]\psi_m\psi_n/\theta\} \tag{2-11}$$

其中，

$$\theta = \eta + h$$

$$A_{mn} = \int_0^1 f_m(\gamma)f_n(\gamma)\,d\gamma \tag{2-12}$$

$$B_{mn} = \int_0^1 f_m(\gamma)f'_n(\gamma)\,d\gamma \tag{2-13}$$

$$B_{mn}^1 = \int_0^1 \gamma f_m(\gamma)f'_n(\gamma)\,d\gamma \tag{2-14}$$

$$C_{mn} = \int_0^1 f'_m(\gamma)f'_n(\gamma)\,d\gamma \tag{2-15}$$

$$C_{mn}^1 = \int_0^1 \gamma f'_m(\gamma)f'_n(\gamma)\,d\gamma \tag{2-16}$$

$$C_{mn}^2 = \int_0^1 \gamma^2 f'_m(\gamma)f'_n(\gamma)\,d\gamma \tag{2-17}$$

将 $\gamma=1$ 代入式(2-7)中，得 $f_m(1)=1$。假定水深恒定，将动能 T 代入式(2-9)和式(2-10)中，并将其简化为

$$\hat{\varphi}_{,t} = \frac{1}{2}\sum_{m=1}^{K}\sum_{n=1}^{K}[A_{mn}\psi_{m,x}\psi_{n,x} + 2B_{mn}^1(\psi_{m,x}\psi_{n,x} + \psi_{m,xx}\psi_n) - C_{mn}\psi_m\psi_n/\theta^2 -$$

$$C_{mn}^2\psi_m\psi_n\theta_{,x}^2/\theta^2 - 2C_{mn}^2\partial(\theta_{,x}\psi_m\psi_n)/\partial x] - g\eta \tag{2-18}$$

$$\hat{\varphi}_{,x} = \sum_{n=1}^{K}[-A_{mn}(\theta\psi_{n,xx} + \theta_{,x}\psi_{n,x}) + (C_{mn} + C_{mn}^2\theta_{,x}^2)\psi_n/\theta +$$

$$B_{mn}^1(\theta_{,x}\psi_{n,x} + \theta_{,xx}\psi_n) - B_{nm}^1\theta_{,x}\psi_{n,x}] \tag{2-19}$$

通过分别对空间和时间求偏导，联立式(2-18)和式(2-19)，进而消除自由面的速度势 $\hat{\varphi}(x,t)$ 求解二维层析水波理论 HLIGN 有限水深模型方程，如下式：

$$\frac{\partial \hat{\varphi}_{,x}}{\partial t} - \frac{\partial \hat{\varphi}_{,t}}{\partial x} = 0 \tag{2-20}$$

通过求解上式，可计算出流函数系数的时间导数 $\partial\psi_n/\partial t$ ($n=1,2,\cdots,K$)，在计算得到流函数系数后，可通过式(2-8)直接计算 $\partial\eta/\partial t$ 的值，相关算法将在下一章进行介绍。

第 3 章 数值算法与源代码实现

上一章给出了层析水波理论的基本方程,本章将结合程序源代码讲解求解层析水波方程的数值算法。

3.1 程序设计

层析水波理论 HLIGN 有限水深模型的计算流程图如图 3-1 所示。

从图 3-1 中可以看到,计算流程重点在两层循环,根据计算流程图可以得到各子程序的调用逻辑。该程序需要用到的模块(module)有 main_md 和 input_md。其中,main_md 需要用到的变量有 jt(当前时间步),input_md 需要用到的变量有 nx(计算域水平网格点数)、dt(时间步长)、runtime(计算时间)。本程序的所有 module 和 allocat()子程序在附录中给出,allocat()子程序用于对可变维度数组分配空间。

主程序 IGNWAVE 的源代码如下:

```
1.   program IGNWAVE
2.   use main_md,only:jt
3.   use input_md,only:nx,dt,runtime
4.   implicit none
5.   integer*4 :: mm,i,iconverge!时间步内迭代次数,临时变量,收敛判断输出值
6.
7.   !!!
8.   !主程序,确定各子程序调用逻辑关系
9.   !!!
10.  call input()                    !计算控制参数读入
11.  call input_wave()               !波浪参数输入
12.  call allocat()                  !分配数组空间
13.  call xABC()                     !计算备用积分
14.  call prepare()                  !时间步进前的准备
15.  do 10 jt = 1,runtime/dt         !时间步进计算
16.     print *,"jt = ",jt           !窗口展示当前计算的时间步
17.     call dampingzone()           !计算域右侧消波
18.
19.     call smooth()                !全局数值平滑
```

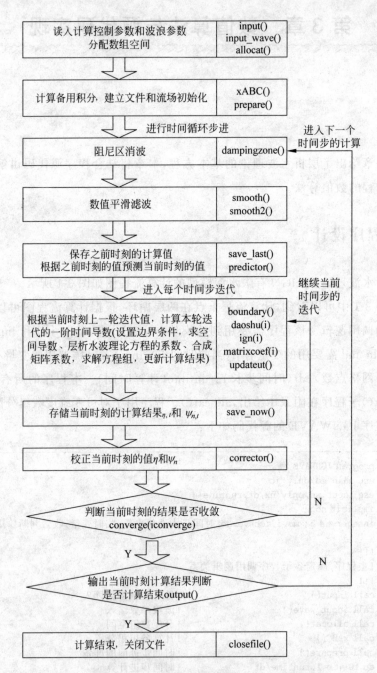

图 3-1 层析水波理论 HLIGN 有限水深模型计算流程图

```
20.    call smooth2()            !造波端数值平滑
21.    call save_last()          !保存前一步计算值
22.    call predictor()          !时间步进预测
23.    do mm = 1,20              !以下为当前时间步内迭代
24.      call boundary()         !设置边界条件
25.      do i = 1,nx             !以下进行方程求解准备
26.        call daoshu(i)
27.        call ign(i)
28.        call matrixcoef(i)
29.      enddo
30.      call updateut()         !方程求解
31.      call save_now()         !存储当前时刻的计算结果
32.      call corrector()        !时间步进校正
33.      call converge(iconverge) !内迭代收敛判断
34.      if(iconverge == 1 .and. mm > 1) then  !符合收敛标准则当前时间步计算结束
35.        print *,'iter = ',mm  !窗口展示当前时间步的内迭代次数
36.        exit
37.      endif
38.    enddo
39.    call output()             !结果输出
40. 10 continue
41.    call closefile()          !关闭文件
42.    end
```

下面按照调用顺序分别对各子程序进行介绍。

3.2 读入计算控制参数子程序

子程序 input()用于读入计算控制参数,该子程序需要用到的模块为 input_md。下面对计算控制参数的含义进行分类介绍。

第一类是一些常量,如 pi 和 g 分别为圆周率和重力加速度。第二类是与计算域相关的空间变量,例如,Lx(水池长),depth(水池深),nx(计算域水平网格点个数),nxzb(造波端平滑点个数),nxyb(右端消波点个数),dx(空间网格尺度),jjx(聚焦波的聚焦位置),nbottm(描述海底用的特征点个数,对平底问题取 2),xbottm(海底点的水平位置),abottm(海底点的垂向位置),ngauge(浪高仪个数),gauge(浪高仪所在水平位置)。计算域示意图如图 3-2 所示。

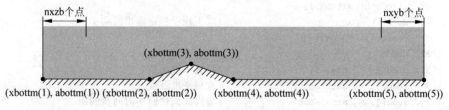

图 3-2 计算域示意图

第三类是与时间或时间步相关的变量,例如,runtime(程序运行时间),jjt(聚焦波的聚焦时间),dt(时间步长),npai(指定输出时间步的个数),pai(指定的输出时刻),nsnapshot(输出波面快照的时间步间隔),nmovie(输出波面动画的时间步间隔),tDamp(造波起始阶段过渡时间)。

第四类是其他变量,例如,nL(模型级别),nbs(海底平滑次数),smthfactor(全局平滑强度),filterL(造波端平滑强度)。

子程序 input() 如下:

```
1.   subroutine input()
2.   use input_md
3.   implicit none
4.   integer * 4 :: i               !临时变量(计数器)
5.
6.   !!!
7.   ! 功能:读取计算控制参数,给 input_md 中的变量赋值
8.   !!!
9.   pi = 4.d0 * datan(1.d0)        !定义圆周率
10.  open (1, file = 'input.txt')   !下面读入 input.txt 中的参数
11.  read(1, *) nL                  !模型级别
12.  read(1, *) g                   !重力加速度
13.  read(1, *) Lx, depth           !水池长、深
14.  read(1, *) nxzb, nxyb          !造波端平滑点个数,右端消波点个数
15.  read(1, *) jjx, jjt            !聚焦位置,聚焦时间
16.  read(1, *) dx, dt              !空间网格尺度,时间步长
17.  read(1, *) runtime             !程序运行时间
18.  read(1, *) nbottm              !海底点数
19.  allocate(xbottm(nbottm), abottm(nbottm))
20.  do i = 1, nbottm               !以下用于读入海底点的水平位置、垂向位置
21.     read(1, *) xbottm(i), abottm(i)
22.  enddo
23.  read(1, *) ngauge              !读入固定观测点(浪高仪)的个数
24.  allocate(gauge(ngauge))
25.  do i = 1, ngauge               !以下指定固定观测点(浪高仪)的水平位置
26.     read(1, *) gauge(i)
27.  enddo
28.  read(1, *) npai                !指定输出时间步的个数
29.  allocate(pai(npai))
30.  do i = 1, npai                 !以下用于指定输出时间步
31.     read(1, *) pai(i)
32.  enddo
33.  read(1, *) nbs                 !海底平滑次数
34.  read(1, *) smthfactor          !全局平滑强度
35.  read(1, *) nsnapshot           !输出波面快照的时间步间隔
```

```
36.   read(1, * ) nmovie              !输出波面动画的时间步间隔
37.   read(1, * ) tDamp               !造波起始阶段过渡时间
38.   read(1, * ) filterL             !造波端平滑强度
39.   close (1)
40.   nx = Lx/dx + 1                  !水池水平网格点个数
41.   return
42.   end
```

3.3 读入波浪参数子程序

子程序 input_wave()用于读入波浪参数,并将其赋值给 input_wave_md。该子程序需要用到的模块有 input_wave_md 和 input_md。其中 input_wave_md 中各变量分别为 nwave(单色波个数),wave_a(单色波波幅),wave_w(单色波圆频率),wave_k(单色波波数)。根据有限水深色散关系,读取波浪的圆频率即可计算出每个波浪成分波的波数。

子程序 input_wave()如下:

```
1.    subroutine input_wave()
2.    use input_md,only:depth
3.    use input_wave_md
4.    implicit none
5.    integer * 4 :: i   !
6.
7.    !!!
8.    ! 功能:读取造波边界的入射波浪参数 wave_a,wave_w,并计算 wave_k
9.    !!!
10.   open(1,file = 'input_wave.txt')
11.   read(1, * ) nwave                              !读入波浪个数
12.     !以下读入波幅、频率,计算得到波数
13.     allocate(wave_a(nwave), wave_w(nwave), wave_k(nwave) )
14.     wave_a = 0
15.     wave_w = 0
16.     wave_k = 0
17.     read(1, * )
18.     do i = 1,nwave
19.       read(1, * ) wave_a(i), wave_w(i)            ! 读入波幅、频率
20.       call wavenumber(wave_w(i),depth,wave_k(i))  ! 计算得到波数
21.     enddo
22.     close(1)
23.   return
24.   end
```

子程序 wavenumber(w,h,k) 用于计算每个单色波成分的波数。根据有限水深中线性色散关系公式

$$\omega^2 - gk\tanh(kh) = 0 \tag{3-1}$$

以圆频率 ω 和水深 h 为已知量，采用牛顿迭代法计算波数 k，见式(3-2)，式中 k^* 表示迭代修正后的波数。

$$\begin{cases} f(k) = \omega^2 - gk\tanh(kh) \\ f'(k) = -g\left[\tanh(kh) + kh\cosh^{-2}(kh)\right] \\ k^* = k - f(k)/f'(k) \end{cases} \tag{3-2}$$

当相邻两次计算值差别极小，例如 $|k^* - k| < 10^{-5}$ 时，则停止迭代，输出波数。子程序 wavenumber(w,h,k) 如下：

```
1.  subroutine wavenumber(w,h,k)    !计算有限水深线性理论波数
2.  use input_md,only:g
3.  implicit none
4.  real * 8 :: w, h, k
5.  integer * 4 :: i
6.  real * 8 :: k0, fk, fp
7.
8.  !!!
9.  ! 功能：通过水深和圆频率根据有限水深线性色散关系计算波数
10. ! 输入：水深和圆频率
11. ! 输出：波数
12. !!!
13. k0 = 1.d0
14. do i = 1,100                    !以下7行利用牛顿迭代法求解波数
15.    fk = w * w - g * k0 * tanh(k0 * h)
16.    fp = -g * tanh(k0 * h) - g * k0 * h * (1./cosh(k0 * h)) * * 2
17.    k = k0 - fk/fp
18.    if(abs(k-k0)< 1d-5) exit      !如果达到收敛标准，则退出循环，输出波数
19.    k0 = k                        !如果未达到收敛标准，则继续进行迭代修正
20. enddo
21.
22. return
23. end
```

3.4 计算备用的积分函数

子程序 xABC() 用来计算第2章的式(2-12)～式(2-17)的一些积分，以供后面使用，如下：

$$A_{mn} = \frac{1}{2m+2n-1} \qquad (3\text{-}3)$$

$$B_{mn} = \frac{2n-1}{2(m+n-1)} \qquad (3\text{-}4)$$

$$B_{mn}^1 = 1 - \frac{2m}{2m+2n-1} \qquad (3\text{-}5)$$

$$C_{mn} = \frac{(2m-1)(2n-1)}{2m+2n-3} \qquad (3\text{-}6)$$

$$C_{mn}^1 = \frac{(2m-1)(2n-1)}{2(m+n-1)} \qquad (3\text{-}7)$$

$$C_{mn}^2 = \frac{(2m-1)(2n-1)}{2m+2n-1} \qquad (3\text{-}8)$$

该程序需要用到的模块有 xABC_md 和 input_md。xABC_md 中各变量为 xA(式(3-3)中 A_{mn}),xB(式(3-4)中 B_{mn}),xB1(式中(3-5)B_{mn}^1),xC(式(3-6)中 C_{mn}),xC1(式(3-7)中 C_{mn}^1),xC2(式(3-8)中 C_{mn}^2)。子程序 xABC()如下:

```
1.   subroutine xABC()
2.   use xABC_md,only:xA, xB, xB1, xC, xC1, xC2
3.   use input_md,only:k = > nl
4.   implicit none
5.   integer * 4 :: m,n         !临时变量(计数器)表示 ign 级别
6.
7.   !!!
8.   ! 功能:提前计算层析水波理论 HLIGN 有限水深模型中式(3-3)~式(3-8)的六个
        积分
9.   !!!
10.  do m = 1,k                  !以下计算六个积分
11.    do n = 1,k
12.      xA(m,n) = 1./(-1 + 2*m + 2*n)
13.      xB(m,n) = (-1. + 2*n)/(2.*(-1 + m + n))
14.      xB1(m,n) = 1 - (2.*m)/(-1 + 2*m + 2*n)
15.      xC(m,n) = ((-1. + 2*m)*(-1 + 2*n))/(-3 + 2*m + 2*n)
16.      xC1(m,n) = ((-1. + 2*m)*(-1 + 2*n))/(2.*(-1 + m + n))
17.      xC2(m,n) = ((-1. + 2*m)*(-1 + 2*n))/(-1 + 2*m + 2*n)
18.    enddo
19.  enddo
20.  return
21.  end
```

3.5 建立文件及流场初始化子程序

子程序 prepare() 用于计算开始前的一些准备工作。该程序需要用到的模块有 prepare_md、main_md 和 input_md。其中，prepare_md 中的变量有：igauge（浪高仪位置网格点编号），ipai（输出波面快照时刻对应的时间步编号）。main_md 中的变量有：beta 和 betaT（波面及其时间导数），phi 和 phiT（流函数系数及其时间导数），这四个变量将在该子程序中初始化。

input_md 中 ngauge、gauge 控制浪高仪数目和浪高仪对应的 x 位置。然而，需要说明的是，处在 gauge 处的浪高仪记录的波面时历（即时间历程），其实是离它最近的一个计算网格点的波面时历，如下式：

$$\text{igauge}_i = \text{int}\left[\text{gauge}_i/\text{d}x\right] + 1 \tag{3-9}$$

其中，int[] 表示取整函数。例如，对于 $x=0$ 位置，igauge（浪高仪位置网格点编号）等于 1。

同样，input_md 中 npai、pai 控制输出流场抓拍图的数目以及对应的时刻。需要说明的是，在 pai 时刻记录的流场抓拍图，其实记录的也是离它最近的一个时间步的流场，如下式：

$$\text{ipai}_i = \text{int}\left[\text{pai}_i/\text{d}t\right] \tag{3-10}$$

子程序 prepare() 如下：

```
1.    subroutine prepare()
2.    use input_md, only:ngauge,npai,dx,dt,gauge,pai
3.    use prepare_md, only:igauge,    ipai
4.    use main_md, only:beta,   betaT,phi,   phiT
5.    implicit none
6.    integer * 4 :: jf,  i           !临时变量
7.    character * 7 :: tp             !临时变量
8.    character * 14 :: filename      !打开的文件的名称
9.
10.   !!!
11.   ! 其主要功能有三点：
12.   ! (1)根据 input_md 中保存的信息,打开波面动画和波面时历记录文件
13.   ! (2)标定输出波面快照的时刻及输出波面时历的位置,并保存到 prepare_md 中
14.   ! (3)初始化流场
15.   !!!
16.   open(51,file = 'movie.plt')     !打开动画输出文件
```

```
17.    jf = 2000
18.    do i = 1,ngauge              !打开固定观测点波面时间历程图绘制文件
19.       write(tp,'(f7.4)') gauge(i)
20.       filename = 'gau'//tp//'.dat'  !设置输出文件名称
21.       jf = jf + 1
22.       open (jf,file = filename)     !打开输出文件
23.    enddo
24.    allocate(igauge(ngauge))
25.    do i = 1,ngauge              !将固定观测点转化为计算域的网格点位置,式(3-9)
26.       igauge(i) = gauge(i)/dx + 1
27.    enddo
28.    allocate(ipai(npai))
29.    do i = 1,npai                !将指定时刻转化为时间步,式(3-10)
30.       ipai(i) = pai(i)/dt
31.    enddo
32.    beta(:,:) = 0         !初始化波面、流函数系数及二者的一阶时间导数为 0
33.    betat(:,:) = 0
34.    phi(:,:,:) = 0
35.    phit(:,:,:) = 0
36.    return
37.  end
```

3.6 阻尼区消波子程序

子程序 dampingzone() 用于设置阻尼区消波。为了在阻尼区进行消波,首先介绍一种九次多项式函数,如下式:

$$f(x) = 126x^5 - 420x^6 + 540x^7 - 315x^8 + 70x^9, \quad 0 \leqslant x \leqslant 1 \quad (3-11)$$

其曲线如图 3-3 所示。该表达式虽然使用了高达 9 次的多项式,但是它的一阶至四阶导数在两端点的值都为零,因此能够更好地消除外传波的能量,并减小反射。

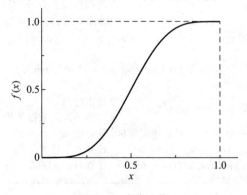

图 3-3 消波函数

在设置的阻尼区内,如图 3-4 所示,使用上述九次多项式函数进行消波。

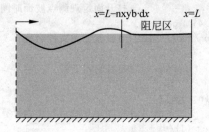

图 3-4　阻尼区消波示意图

阻尼区的长度为 $L_2 = \text{nxyb} \cdot \text{d}x$,在该区域内使用新计算的值 η^d 和 ψ_n^d 来代替求解层析水波理论 HLIGN 有限水深模型方程得到的值 η 和 ψ_n。其中,ψ_n 代表求解得到的流函数系数。有如下表达式:

$$\eta^d = \eta \cdot f\left(\frac{L-x}{L_2}\right) + 0 \cdot \left[1 - f\left(\frac{L-x}{L_2}\right)\right], \quad L - L_2 \leqslant x \leqslant L \quad (3-12)$$

$$\psi_n^d = \psi_n \cdot f\left(\frac{L-x}{L_2}\right) + 0 \cdot \left[1 - f\left(\frac{L-x}{L_2}\right)\right], \quad L - L_2 \leqslant x \leqslant L \quad (3-13)$$

不难发现,在 $x = L - L_2$ 到 $x = L$ 这一段消波区域内,函数 $f\left(\frac{L-x}{L_2}\right)$ 的值从 1 变化到 0。因此在消波区的最右端,$x = L$ 处,波面和流函数系数的值都会减小到零。

该程序需要用到的模块有 main_md 和 input_md。它们的变量含义均已介绍过,后文不再赘述。子程序 dampingzone()如下:

```
1.   subroutine dampingzone()
2.   use main_md,only:beta,phi,jt
3.   use input_md,only:dx,nx,nxyb,dt
4.   implicit none
5.   integer * 4 :: nn, i              !右侧消波点数 nn,临时变量 i(计数器)
6.   real * 8    :: x, t, ab           !水平位置,时刻,临时变量 ab
7.
8.   !!!
9.   ! 功能:对计算域右端进行消波,更新 main_md 中的 beta,phi
10.  !!!
11.  t = jt * dt                       !得出时刻
12.  nn = nxyb                         !右侧消波点数赋值给 nn
13.  do i = nx, nx - nn, -1  !对右侧阻尼区,即编号 nx - nxyb 到 nx 的区域进行消波
14.     x = (i-1) * dx                 !计算水平位置
15.     ab = ((nx-1) * dx - x)/(nn * dx)   !计算(L - x)/L_2
```

```
16.     ab = 126 * ab ** 5 - 420 * ab ** 6 + 540 * ab ** 7 - 315 * ab ** 8 + 70 * ab ** 9
        !式(3-11)
17.     beta(i,2)   = (1 - ab) * 0 + ab * beta(i,2)    !式(3-12),更新波面
18.     phi(i,:,2)  = (1 - ab) * 0 + ab * phi(i,:,2)   !式(3-13),更新流函数系数
19. enddo
20. return
21. end
```

3.7 全局数值平滑子程序

子程序 smooth() 用于对整个计算域的求解结果进行平滑。该子程序中用到的 smooth5pfact(n,a,factor) 程序使用基于最小二乘法的五点平滑函数。n 表示待平滑点的总数,a 表示待平滑变量,factor 表示全局平滑强度。以波面的平滑为例,水平方向上编号为 i 的点周围有五个点,如图 3-5 所示。

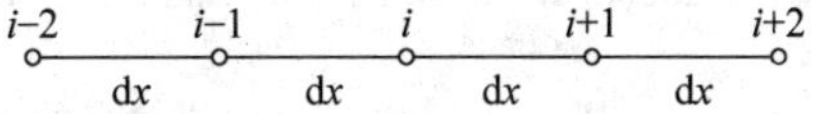

图 3-5 五点平滑示意图

采用这 5 点的波面值 η_{i-2}、η_{i-1}、η_i、η_{i+1} 和 η_{i+2},运用以下公式计算得到 i 点使用平滑函数以后的波面 η_i^*:

$$\eta_i^* = \frac{17\eta_i + 12(\eta_{i+1} + \eta_{i-1}) - 3(\eta_{i+2} + \eta_{i-2})}{35}, \quad i = 3,4,\cdots,n-2 \quad (3\text{-}14)$$

为了减弱数值平滑对结果的影响,本书还引入了全局平滑强度参数,用来对使用平滑函数前后的值进行加权处理,如式(3-15)。若取全局平滑强度参数为 0.01,则基本上与每一百个时间步平滑一次效果相当,式中 η^{**} 表示经过平滑处理以后的波面。

$$\eta^{**} = \eta^* \cdot \text{factor} + \eta(1 - \text{factor}) \quad (3\text{-}15)$$

对流函数系数 ψ_n 的处理也采用同样的方式。

该程序需要用到的模块有 main_md 和 input_md。子程序 smooth() 如下:

```
1.  subroutine smooth()
2.  use main_md,only:beta, betaT,phi, phiT
3.  use input_md,only: nl, nx,   smthfactor
4.  implicit none
```

```fortran
5.    integer * 4 :: i                        !临时变量
6.
7.    !!!
8.    ! 功能：对 main_md 中保存的全部计算域的波面及其时间导数 beta、betaT 和流函数
      系数及其时间导数 phi、phiT 进行平滑
9.    !!!
10.   call smooth5pfact(nx + 4, beta( -1:nx + 2, 2), smthfactor)    !波面平滑
11.   call smooth5pfact(nx + 4, betat( -1:nx + 2, 2), smthfactor)  !波面一阶时间导数
      平滑
12.   do i = 1, nl
13.      call smooth5pfact(nx + 4, phi( -1:nx + 2, i, 2), smthfactor)  !流函数系数平滑
14.      call smooth5pfact(nx + 4, phit( -1:nx + 2, i, 2), smthfactor) !流函数系数一阶
         时间导数平滑
15.   enddo
16.   return
17.   end
18.
19.
20.
21.   subroutine smooth5pfact(n, a, factor)       !整个计算域的平滑程序
22.      implicit none
23.      integer * 4 :: n                         !平滑点的个数
24.      real * 8    :: factor                    !平滑系数
25.      real * 8, dimension(:) :: a(n)           !返回经过数值平滑后的值
26.      real * 8, dimension(:) :: b(n)           !用于保存平滑前的值
27.      real * 8    :: c                         !使用平滑函数以后的值
28.      integer * 4 :: i                         !临时变量
29.
30.      b(:) = a(:)                              !保存输入值
31.      do i = 3, n - 2       !除最左端和最右端两点不平滑外，其余点进行平滑
32.         c = (17 * b(i) + 12 * (b(i+1) + b(i-1)) - 3 * (b(i+2) + b(i-2)))/35.d0
                                                  !对应平滑公式(3-14)
33.         a(i) = factor * c + (1 - factor) * b(i)   !式(3-15)
34.      enddo
35.      return
36.   end
```

3.8 线性到非线性过渡区数值平滑子程序

为了抑制造波边界附近的数值振荡，要在造波边界附近施加额外平滑，这就是子程序 smooth2() 的作用。其公式与计算域施加的平滑完全一致，但与计算域平滑不同的是，其平滑力度参数并不是常量，而是线性变化的。

该子程序中用到的 smooth5pfact2(n,a) 程序同样使用基于最小二乘法的五点平滑函数。其变量表示的含义和所用光滑函数形式与 smooth5pfact(n,a,factor) 程序完全相同。不同的仅仅是平滑强度 factor 采用线性变化,在造波端即 $x=0$ 处等于 filterL:

$$\text{factor} = \frac{n-2-i}{n-5} \text{filterL}, \quad i = 3,4,\cdots,n-2 \tag{3-16}$$

不难看出,在造波端到平滑结束区域,参数 factor 将在 filterL 到 0 之间变化。

该程序需要用到的模块有 main_md、input_md。子程序 smooth2() 如下:

```
1.  subroutine smooth2()                          !左侧线性到非线性过渡区的平滑
2.  use main_md,only:beta, betaT, phi, phiT
3.  use input_md,only: nl, nx, nxzb, smthfactor
4.  implicit none
5.  integer*4 :: i                                !临时变量
6.
7.  !!!
8.  !功能:在预设的左侧造波区域对 main_md 中保存的波面及其时间导数 beta、betaT
      和流函数系数及其时间导数 phi、phiT 进行平滑
9.  !!!
10. call smooth5pfact2(nxzb,beta(-1:nxzb-2,2))    !左侧过渡区波面的平滑
11. call smooth5pfact2(nxzb,betat(-1:nxzb-2,2))   !左侧过渡区波面一阶时间导数
                                                   的平滑
12. do i=1,nl
13.   call smooth5pfact2(nxzb,phi(-1:nxzb-2,i,2)) !左侧过渡区流函数系数的
                                                   平滑
14.   call smooth5pfact2(nxzb,phit(-1:nxzb-2,i,2))!左侧过渡区流函数系数一
                                                   阶时间导数的平滑
15. enddo
16.
17. return
18. end
19.
20.
21. subroutine smooth5pfact2(n,a)                 !左侧过渡区平滑程序
22. use input_md,only:filterL
23. implicit none
24. integer*4 :: n                                !计算点数
25. real*8    :: factor                           !平滑系数
26. real*8,dimension(:) :: a(n)                   !用于记录平滑后的值
27. real*8,dimension(:) :: b(n)                   !用于保存平滑前的值
28. real*8    :: c                                !平滑后的值
29. integer*4 :: i                                !临时变量
```

```
30.
31.    b(:) = a(:)                                           !保存输入值
32.    do i = 3, n - 2                                       !以下进行平滑
33.        c = (17 * b(i) + 12 * (b(i+1) + b(i-1)) - 3 * (b(i+2) + b(i-2)))/35.d0
                                                             !对应平滑公式(3-14)
34.        factor = 1.0d0 * (n-2-i)/(n-5) * filterL    !线性变化,从 filterL 变为 0,
                                                             式(3-16)
35.        a(i) = factor * c + (1 - factor) * b(i)      !式(3-15)
36.    enddo
37.    return
38. end
```

3.9 保留之前时刻计算结果子程序

子程序 save_last() 的功能是:在进入下一个时间步($t+\mathrm{d}t$ 时刻)的计算之前,利用子程序 save_last() 把最新四个时间步的计算值存入对应数组的备用位置,并腾出数组的计算位置,用来求解下一个时间步的值,如表 3-1 所示。以波面为例,t 时刻时,beta(:,-1) 对应于 $t-3\mathrm{d}t$ 时的波面值;在 $t+\mathrm{d}t$ 时刻时,beta(:,-1) 对应于 $t-2\mathrm{d}t$ 时的波面值,而原本记录于 beta(:,-1) 的 $t-3\mathrm{d}t$ 时的波面值被传递给了 beta(:,-2)。

表 3-1 子程序 save_last() 功能示意

时刻	数组 beta(:,i) 的备用位置				数组 beta(:,i) 的计算位置
	$i=-2$	$i=-1$	$i=0$	$i=1$	$i=2$
t	$\eta^{t-4\mathrm{d}t}$	$\eta^{t-3\mathrm{d}t}$	$\eta^{t-2\mathrm{d}t}$	$\eta^{t-\mathrm{d}t}$	η^t
$t+\mathrm{d}t$	$\eta^{t-3\mathrm{d}t}$	$\eta^{t-2\mathrm{d}t}$	$\eta^{t-\mathrm{d}t}$	η^t	待求

该程序需要用到的模块为 main_md。子程序 save_last() 如下:

```
1. subroutine save_last()
2.    use main_md, only: beta, betaT, phi, phiT
3.    implicit none
4.    integer * 4 :: i                                        !临时变量(计数器)
5.
6.    !!!
7.    ! 功能:在进入新的时间步之前,把先前 4 个时间步的结果,如 main_md 中的 beta、
         betaT、phi、phiT,分别存入 1、0、-1、-2 等位置
```

```
8.     !!!
9.     do i = -2,1              !
10.       beta(:,i) = beta(:,i+1)    !根据上面注释,-1给-2, 0给-1,1给0,2给1
11.       betat(:,i) = betat(:,i+1)    !betat 的处理方法,类似 beta 的做法
12.       phi(:,:,i)  = phi(:,:,i+1)   !类似 beta 的做法
13.       phit(:,:,i) = phit(:,:,i+1)  !类似 beta 的做法
14.    enddo
15.
16.    return
17.   end
```

3.10 预测子程序

层析水波理论 HLIGN 有限水深模型时间步进采用四阶 Adams 预测-校正法。该子程序为时间步进中的预测步,以波面为例,根据如下公式进行预测。

$$\eta^t = \eta^{t-dt} + \eta^{t-dt}_{,t} \cdot dt, \quad jt=1 \tag{3-17}$$

$$\eta^t = \eta^{t-dt} + (3\eta^{t-dt}_{,t} - \eta^{t-2dt}_{,t}) \cdot dt/2, \quad jt=2 \tag{3-18}$$

$$\eta^t = \eta^{t-dt} + (23\eta^{t-dt}_{,t} - 16\eta^{t-2dt}_{,t} + 5\eta^{t-3dt}_{,t}) \cdot dt/12, \quad jt=3 \tag{3-19}$$

$$\eta^t = \eta^{t-dt} + (55\eta^{t-dt}_{,t} - 59\eta^{t-2dt}_{,t} + 37\eta^{t-3dt}_{,t} - 9\eta^{t-4dt}_{,t}) \cdot dt/24, \quad jt \geq 4 \tag{3-20}$$

上式中,jt 代表时间步的编号,对流函数系数的预测与波面预测类似。

该程序需要用到的模块有 main_md 和 input_md。子程序 predictor() 如下:

```
1.   subroutine predictor()
2.   use main_md,only:beta,betaT,phi,phiT,jt
3.   use input_md,only: dt,nx
4.   implicit none
5.   integer * 4 :: i              !临时变量(计数器)
6.   !!!
7.   ! 功能:根据之前时间步计算得到的值预测得到当前时间步的值,包括波面 beta 和
       流函数系数 phi
8.   !!!
9.   if(jt == 1) then              !对第 1 个时间步进行预测计算
10.     do i = 1,nx                ! 式(3-17)
11.       beta(i,2) = beta(i,1) + betat(i,1) * dt
12.       phi(i,:,2) = phi(i,:,1)  + phit(i,:,1) * dt
13.     enddo
14.   elseif(jt == 2) then         !对第 2 个时间步进行预测计算
```

```
15.         do i = 1, nx                              ! 式(3-18)
16.             beta(i,2) = beta(i,1) + (3 * betat(i,1) - 1 * betat(i,0)) * dt/2
17.             phi(i,:,2) = phi(i,:,1)   + (3 * phit(i,:,1) - 1 * phit(i,:,0)) * dt/2
18.         enddo
19.     elseif(jt == 3) then                          ! 对第 3 个时间步进行预测计算
20.         do i = 1, nx                              ! 式(3-19)
21.             beta(i,2) = beta(i,1) + (23 * betat(i,1) - 16 * betat(i,0) + 5 * betat(i,
                -1)) * dt/12
22.             phi(i,:,2) = phi(i,:,1)   + (23 * phit(i,:,1) - 16 * phit(i,:,0) + 5 *
                phit(i,:,-1)) * dt/12
23.         enddo
24.     elseif(jt >= 4) then                          ! 对第 4 个及以后的时间步进行预测计算
25.         do i = 1, nx                              ! 式(3-20)
26.             beta(i,2) = beta(i,1) + (55 * betat(i,1) - 59 * betat(i,0) + 37 * betat(i,
                -1) - 9 * betat(i,-2)) * dt/24
27.             phi(i,:,2) = phi(i,:,1)   + (55 * phit(i,:,1) - 59 * phit(i,:,0) + 37 *
                phit(i,:,-1) - 9 * phit(i,:,-2)) * dt/24
28.         enddo
29.     endif
30.     return
31. end
```

3.11 更新边界条件子程序

子程序 boundary() 对计算域边界进行赋值。为了在计算域所有网格点都能采用七点中心差分求导,程序在计算域左端和右端都延伸了三个点,以波面为例,即 $\eta(-3\mathrm{d}x,t),\eta(-2\mathrm{d}x,t),\eta(-\mathrm{d}x,t)$ 和 $\eta((nx+1)\mathrm{d}x,t),\eta((nx+2)\mathrm{d}x,t),\eta((nx+3)\mathrm{d}x,t)$,见图 3-6。在计算域左端,将 coef(t,x) 子程序计算的波面和流函数系数赋值给 3 个造波边界点,即 $\eta(-3\mathrm{d}x,t),\eta(-2\mathrm{d}x,t),\eta(-\mathrm{d}x,t)$。

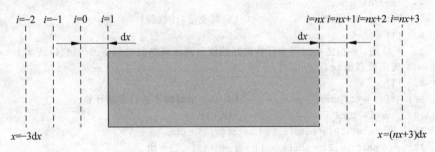

图 3-6 造波和右端边界条件示意图

以 $x=-2\mathrm{d}x$ 位置的波面为例，线性理论波面为 bcoef，造波边界波面为
$$\eta^t_{-2\mathrm{d}x} = \mathrm{bcoef}(-2\mathrm{d}x, t) \tag{3-21}$$

波面和流函数系数的一阶时间导数，通过 $t+\mathrm{d}t$ 和 $t-\mathrm{d}t$ 两个时刻波面和流函数系数的中心差分求得：
$$\frac{\partial \eta^t_{-2\mathrm{d}x}}{\partial t} = \frac{\mathrm{bcoef}(-2\mathrm{d}x, t+\mathrm{d}t) - \mathrm{bcoef}(-2\mathrm{d}x, t-\mathrm{d}t)}{2\mathrm{d}t} \tag{3-22}$$

在计算域右端，直接将波面、流函数系数及其一阶时间导数都赋值为零。

该程序需要用到的模块有 main_md、input_md 和 coef_md。前两者的变量含义不再赘述，coef_md 中包含 bcoef（线性理论波面）、phicoef（线性理论拟合得到的流函数系数）。子程序 boundary() 如下：

```
1.  subroutine boundary()
2.  use input_md,only:dx,dt,nx,nL
3.  use main_md,only:beta,betat,phi,phit,jt
4.  use coef_md,only:bcoef, phicoef
5.  implicit none
6.  integer*4 :: i                      !临时变量(计数器)
7.  real*8    :: t,x                    !时刻,水平位置
8.  real*8,allocatable,dimension(:) :: tp1, tp2
9.  real*8 :: tp3, tp4
10.
11. !!!
12. !功能：设置左端造波边界和右端边界的 beta 和 betaT 以及 phi 和 phiT
13. !!!
14. allocate( tp1(1:nl),tp2(1:nl))
15. t = jt*dt                           !得到当前的计算时刻
16. do i = -2,0                         !以下设置左侧边界条件
17.    x = (i-1)*dx                     !得到边界点的水平位置
18.    call coef(t-dt,x)                !t-dt 时刻的 bcoef、phicoef
19.    tp1(1:nl) = phicoef(1:nl)
20.    tp3 = bcoef
21.    call coef(t+dt,x)                !t+dt 时刻的 bcoef、phicoef
22.    tp2(1:nl) = phicoef(1:nl)
23.    tp4 = bcoef
24.    betat(i,2)  = (tp4-tp3)/(2*dt)   !式(3-22)
25.    phit(i,:,2) = (tp2(1:nl) - tp1(1:nl))/(2*dt)
26.    call coef(t,x)                   !t 时刻的 bcoef、phicoef
27.    beta(i,2)  = bcoef               !式(3-21)
28.    phi(i,:,2) = phicoef(:)
```

```
29.    enddo
30.    do i = nx + 1, nx + 3      !以下设置右侧边界条件
31.        beta(i,2)     = 0      !以下4行对 beta、betat、phi、phit 赋值 0
32.        betat(i,2)    = 0
33.        phi(i,:,2)  = 0
34.        phit(i,:,2) = 0
35.    enddo
36.    return
37.    end
```

3.12 流函数系数拟合子程序

层析水波理论采用波面-速度场入口边界条件造波。利用线性波浪理论可以得到波面和水下任意一点处的流函数。再利用最小二乘法对流函数进行拟合，拟合基选择层析水波理论 HLIGN 有限水深模型所采用的关于垂向位置 z 的高次多项式形式，以此得到造波处的流函数系数和波面位置，为层析水波理论 HLIGN 有限水深模型提供造波边界，如图 3-7 所示。

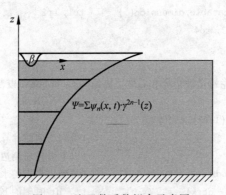

图 3-7 流函数系数拟合示意图

将某时刻 t、造波边界位置 x 的线性波面 bcoef(x,t) 往下至海底位置 $-h$ 的竖直剖面均匀分割为 $2nL$ 段，可以得到 $2nL+1$ 个点。这些点的间隔为 $\mathrm{d}z = \dfrac{\mathrm{bcoef}+h}{2nL}$，第 j 个点的垂向位置为

$$z = \mathrm{bcoef} - (j-1)\mathrm{d}z, \quad j = 1, 2, \cdots, 2nL + 1 \tag{3-23}$$

将垂向位置代入形状函数的 γ 中，得

$$\gamma(j) = \frac{z+h}{\mathrm{bcoef}+h} = 1 - \frac{j-1}{2nL}, \quad j = 1, 2, \cdots, 2nL + 1 \tag{3-24}$$

不难看出，当 z 从波面到水底变化时，γ 的值也从 1 变化到 0。

根据线性波浪理论同样可以得到第 j 个点上的流函数数值 $\Psi(j)$。以 γ 作为自变量，Ψ 作为因变量，并用层析水波理论 HLIGN 有限水深模型中引入的高次多项式作为拟合基，可以写成 $\Psi = \phi_1 \gamma + \phi_2 \gamma^3 + \cdots + \phi_{nL} \gamma^{2nL-1}$。通过速度假设进行拟合。拟合得到的曲线表达式中的系数就是流函数系数 ϕ_1、ϕ_2、ϕ_3、$\cdots$。

以二维波浪的传播过程为例，线性理论的波面 bcoef 和流函数直接写成不同频率的单色波的叠加，如式(3-25)。其中，A_i、k_i、ω_i 分别为各单色波的振幅、波数、圆频率，x_f 和 t_f 为理论聚焦位置和聚焦时间。

$$\text{bcoef}(x,t) = \sum_{i=1}^{\text{nwave}} A_i \cos[k_i(x-x_f) - \omega_i(t-t_f)] \tag{3-25}$$

$$\Psi(x,z,t) = \sum_{i=1}^{\text{nwave}} \frac{gA_i}{\omega_i} \frac{\sinh k_i(z+h)}{\cosh k_i h} \cos[k_i(x-x_f) - \omega_i(t-t_f)] \tag{3-26}$$

为了让造波更加平稳，在造波起始阶段，增加了造波边界在时间上的线性过渡，在 input_md 中用 tDamp 来控制。在 0~tDamp 时间内施加缓坡函数，以波面为例，如式(3-27)，其中 bcoef 表示线性叠加得到的波面。

$$\eta(x,t) = \begin{cases} \text{bcoef}(x,t) \cdot \dfrac{t}{\text{tDamp}}, & t < \text{tDamp} \\ \text{bcoef}(x,t), & t \geqslant \text{tDamp} \end{cases} \tag{3-27}$$

该程序需要用到的模块有 input_wave_md、input_md 和 coef_md。Lfit(xdata,fdata,ndata,a,mfit) 子程序为最小二乘法拟合程序，很多数学库函数可以实现，这里不作介绍。子程序 coef(t,x) 如下：

```
1.    subroutine coef(t,x)
2.    use input_md,only:nl,depth,tDamp,jjt,jjx,g
3.    use input_wave_md,only:nwave,wave_a,wave_w,wave_k
4.    use coef_md,only: bcoef,phicoef
5.    implicit none
6.    real*8         :: t,x                !时刻,水平位置
7.    integer*4 :: m,i,n                   !临时变量(计数器)
8.    real*8         :: dz,z,sech,h        !拟合时垂向网格长,垂向位置,sech 函数,水深
9.    real*8,allocatable,dimension(:) :: strm_arry  !拟合位置的流函数
10.   integer*4 :: mfit,ndata              !最小二乘法拟合的多项式最高次数和垂向拟合点数
11.   real*8,allocatable,dimension(:) :: A,XDATA,FDATA  !临时变量,记录拟合值
12.   real*8         :: Amp,k,w,tp         !线性理论的波幅、波数、频率、波面
13.   real*8         :: ab                 !当前计算时刻和启动时间比值
```

```fortran
14.      real * 8        :: strm,etah            !流函数,波面
15.      real * 8,allocatable,dimension(:) :: zz   !速度假设中的γ
16.
17.  !!!
18.  ! 功能:利用最小二乘法获得 t 时刻、x 位置的波面 bcoef、流函数系数 phicoef
19.  !!!
20.      n = 2 * nl                                !水深垂向分为 2nl 份
21.      allocate(zz(n+1),  strm_arry(n+1))        !配置数组大小
22.      h = depth                                 !水深赋值给 h
23.      bcoef = 0                                 !对 bcoef、phicoef 赋值为 0
24.      phicoef = 0
25.      do i = 1, nwave        !以下计算线性理论波浪叠加的波面,式(3-25)
26.         Amp = wave_a(i)                       !赋值 Amp 为线性理论的波幅
27.         w = wave_w(i)                         !赋值 w 为线性理论的频率
28.         k = wave_k(i)                         !赋值 k 为线性理论的波数
29.         tp = Amp * Cos( - (t - jjt) * w + k * (x - jjx))
30.         bcoef = bcoef + tp    !赋值 bcoef 为线性理论波浪叠加得到的波面
31.      enddo
32.      strm_arry(:) = 0                          ! strm_arry 值清零
33.      dz = (bcoef + depth)/n                    !计算拟合时垂向网格长
34.      do i = 1, n+1      !用线性叠加原理计算拟合位置的流函数,式(3-26)
35.         z = bcoef - (i - 1) * dz               !式(3-23)
36.         zz(i) = (z + depth)/(bcoef + depth)    !IGN 速度假设中的γ,式(3-24)
37.         do m = 1, nwave
38.            Amp = wave_a(m)
39.            w = wave_w(m)
40.            k = wave_k(m)
41.            strm_arry(i) = strm_arry(i) + (Amp * g * Cos((t - jjt) * w - k * (x - jjx)) * Sech(h * k) * Sinh(k * (h + z)))/w
42.         enddo
43.      enddo
44.      mfit = nl                                 ! ign 级别赋值给 mfit
45.      ndata = n + 1                             !最小二乘法拟合点数赋值给 ndata
46.      allocate(A(mfit),  XDATA(NDATA), FDATA(NDATA))   !配置数组大小
47.      xdata(:) = zz(:)                          !赋值 xdata
48.      fdata(:) = strm_arry(:)                   !赋值 fdata
49.      call  Lfit(xdata, fdata, ndata, a, mfit ) !最小二乘法拟合得到流函数系数
50.      phicoef(:) = A(:)                         ! 赋值 phicoef
51.      if(t < tdamp) then   !以下为启动时间内的波面、流函数系数,式(3-27)
52.         ab = t/tdamp                           !当前计算时刻和启动时间比值
53.         bcoef = bcoef * ab
54.         phicoef = phicoef * ab
55.      endif
56.      return
57.  end
58.
```

```
59.   SUBROUTINE funcs(x,p,mfit)      !此子程序为计算高次多项式拟合基
60.   implicit none
61.   INTEGER * 4 mfit
62.   REAL * 8 x,p(mfit)
63.   INTEGER * 4 j
64.   p(1) = x
65.   do    j = 2,mfit                !计算(2 mfit - 1)次方
66.      p(j) = p(j-1) * x * x
67.   enddo
68.   return
69.   END
70.
71.   real * 8 function sech(X)       !此函数定义双曲正割函数 sech
72.   implicit none
73.   real * 8 :: X
74.
75.   sech = 1.d0/cosh(x)
76.   return
77.   end function
78.
```

3.13 求解空间导数子程序

子程序 daoshu(i) 用于对波面、流函数系数和波面的时间导数求空间导数。

该程序需要用到的模块有 main_md、input_md 和 daoshu_md。其中，daoshu_md 里有变量 phiIJ 和 btIJ，$I=0,1,2,3, J=0,1$。其中，phi 和 bt 表示流函数系数和波面。I 表示对 phi 和 bt 求关于 x 的 I 阶空间导数，当 I 等于 0 时表示不求空间导数。J 表示对 phi 和 bt 求 J 阶时间导数，当 J 等于 0 时表示不求时间导数。例如，bt21 表示对波面求一阶时间导数后再求关于 x 的二阶空间导数。

子程序 daoshu(i) 如下：

```
1.   subroutine daoshu(i)
2.   use daoshu_md,only: phi00,phi10,phi20,phi30,bt00,bt10,bt20,bt30,bt01,&
     bt11,bt21
3.   use main_md,only: beta,betaT,phi
4.   use input_md,only: nl,dx
5.   implicit none
6.   integer * 4 :: i
7.   integer * 4 :: m
8.
```

```
9.  !!!
10. !功能：对波面、流函数系数和波面的时间导数求空间导数，为ign(i)计算提供导数值
11. !!!
12. bt00 = beta(i,2)                                !bt00
13. call d1p7(beta(i-3:i+3,2),dx,bt10)              ! bt10
14. call d2p7(beta(i-3:i+3,2),dx,bt20)              ! bt20
15. call d3p7(beta(i-3:i+3,2),dx,bt30)              ! bt30
16.
17. bt01 = betat(i,2)                               !bt01
18. call d1p7(betat(i-3:i+3,2),dx,bt11)             ! bt11
19. call d2p7(betat(i-3:i+3,2),dx,bt21)             ! bt21
20.
21. do m = 1, nl
22.     phi00(m) = phi(i,m,2)                       !phi00
23.     call d1p7(phi(i-3:i+3,m,2),dx,phi10(m))     ! phi10
24.     call d2p7(phi(i-3:i+3,m,2),dx,phi20(m))     ! phi20
25.     call d3p7(phi(i-3:i+3,m,2),dx,phi30(m))     ! phi30
26. enddo
27. return
28. end
```

该程序用中心差分方法求变量的空间导数。中心差分七点求导的公式如下：

$$f_{,x}^{(i)} = (-f^{(i-3)} + 9f^{(i-2)} - 45f^{(i-1)} + 45f^{(i+1)} - 9f^{(i+2)} + f^{(i+3)})/(60 \mathrm{d}x) \tag{3-28}$$

$$f_{,xx}^{(i)} = (2f^{(i-3)} - 27f^{(i-2)} + 270f^{(i-1)} - 490f^{(i)} + 270f^{(i+1)} - 27f^{(i+2)} + 2f^{(i+3)})/(180 \mathrm{d}x^2) \tag{3-29}$$

$$f_{,xxx}^{(i)} = (f^{(i-3)} - 8f^{(i-2)} + 13f^{(i-1)} - 13f^{(i+1)} + 8f^{(i+2)} - f^{(i+3)})/(8 \mathrm{d}x^3) \tag{3-30}$$

```
1.  subroutine d1p7(f,dx,b)     !七点差分求一阶导数,式(3-28)
2.  implicit none
3.  real * 8 :: b, dx
4.  real * 8, dimension(:) :: f(-3:3)
5.  b = (-f(-3) + 9*f(-2) - 45*f(-1) + 45*f(1) - 9*f(2) + f(3))/(60.
    * dx)
6.  return
7.  end
8.
9.  subroutine d2p7(f,dx,b)     !七点差分求二阶导数,式(3-29)
10. implicit none
```

```
11. real * 8 :: b, dx
12. real * 8,dimension(:) :: f(-3:3)
13. b = (2 * f(-3) - 27 * f(-2) + 270 * f(-1) - 490 * f(0) + 270 * f(1) - 27 *
    f(2) + 2 * f(3))/(180. * dx ** 2)
14. return
15. end
16.
17. subroutine d3p7(f,dx,b)    !七点差分求三阶导数,式(3-30)
18. implicit none
19. real * 8 :: b, dx
20. real * 8,dimension(:) :: f(-3:3)
21. b = (f(-3) - 8 * f(-2) + 13 * f(-1) - 13 * f(1) + 8 * f(2) - f(3))/(8. * dx
    ** 3)
22. return
23. end
```

3.14 求解层析水波理论方程系数子程序

联立式(2-9)和式(2-10),可以求解流函数系数的时间导数$\partial \psi_n/\partial t$,$n=1,2,3,\cdots$。写成矩阵形式为

$$\widetilde{A}\dot{\boldsymbol{\psi}}_{n,xx} + \widetilde{B}\dot{\boldsymbol{\psi}}_{n,x} + \widetilde{C}\dot{\boldsymbol{\psi}}_n = \boldsymbol{f} \tag{3-31}$$

其中,$\boldsymbol{\psi}_n = [\psi_1,\psi_2,\psi_3,\cdots,\psi_K]^T$,上面的点表示对流函数系数求一阶时间导数。$\widetilde{A}$、$\widetilde{B}$ 和 $\widetilde{C}$ 是 $K \times K$ 的矩阵,$\boldsymbol{f}$ 是一个向量,长度为 K。下角标的逗号表示对逗号后面的变量求偏导数。举例说明,对于 IGN-3 模型,$K=3$,上述变量代表的是长度为 3 的向量和 3×3 的矩阵。$\widetilde{A}$、$\widetilde{B}$、$\widetilde{C}$ 和 $\boldsymbol{f}$ 是关于 h、η 和 $\boldsymbol{\psi}_n$ 的函数,使用数学软件 Mathematica 可以轻松得到。计算得到流函数系数的时间导数后,可得到流函数系数,并可直接计算$\partial \eta/\partial t$ 的值。使用数学软件 Mathematica 推导 $\widetilde{A}$、$\widetilde{B}$、$\widetilde{C}$ 的代码如下:

```
we = {ζ[x,t]→b,
     ζ^(1,0)[x,t]→bx,
     ζ^(2,0)[x,t]→bxx,
     ζ^(3,0)[x,t]→bxxx,
     ψn_[x,t]→p[n],
     ψn_^(1,0)[x,t]→px[n],
     ψn_^(2,0)[x,t]→pxx[n],
     ψn_^(3,0)[x,t]→pxxx[n],
     ζ^(0,1)[x,t]→bt,
```

$\zeta^{(1,1)}$ [x, t] → bxt,
$\zeta^{(2,1)}$ [x, t] → bxxt,
$\psi_n^{(0,1)}$ [x, t] → pt [n],
$\psi_n^{(1,1)}$ [x, t] → pxt [n],
$\psi_n^{(2,1)}$ [x, t] → pxxt [n] };
h [x] = dp;
    θ = ζ [x, t] + h [x];
phihatt = xA [m, n] * ($\partial_x \psi_m$ [x, t]) * ($\partial_x \psi_n$ [x, t]) + 2 * xB1 [m, n] *
    ∂_x(($\partial_x \psi_m$ [x, t]) * ψ_n [x, t]) −
    $\frac{1}{\theta^2}$ * xC [m, n] * ψ_m [x, t] * ψ_n [x, t] − $\frac{1}{\theta^2}$ *
    xC2 [m, n] * ($\partial_x \theta$) * ψ_m [x, t] * ($\partial_x \theta$) * ψ_n [x, t] −
    2 * xC2 [m, n] * $\partial_x \left(\frac{\psi_n [x, t]}{\theta} * ((\partial_x \theta) * \psi_m [x, t]) \right)$;
        Print ["PhiHatTX = ", (((∂_xphihatt) //Simplify) //.we) //FortranForm];
phihatx = − xA [m, n] * ∂_x(θ * ($\partial_x \psi_n$ [x, t])) + xB1 [m, n] *
    ∂_x(($\partial_x \theta$) * ψ_n [x, t]) − ($\partial_x \theta$) * xB1 [n, m] * ($\partial_x \psi_n$ [x, t]) + $\frac{1}{\theta}$ *
    xC [m, n] * ψ_n [x, t] + $\frac{1}{\theta}$ * xC2 [m, n] * ($\partial_x \theta$) * (($\partial_x \theta$) * ψ_n [x, t]);
        Print ["PhiHatXT = ", (((∂_tphihatx) //Simplify) //.we) //FortranForm];
Coefficient [(∂_tphihatx) //Expand, $\psi_n^{(0,1)}$ [x, t]];
Print ["A = ", % //.we//FortranForm]
Coefficient [(∂_tphihatx) //Expand, $\psi_n^{(1,1)}$ [x, t]];
Print ["B = ", % //.we//FortranForm]
Coefficient [(∂_tphihatx) //Expand, $\psi_n^{(2,1)}$ [x, t]];
Print ["C = ", % //.we//FortranForm]

运行上述代码以后会得到如下结果：

PhiHatTX = px(n) * pxx(m) * xA(m,n) + px(m) * pxx(n) * xA(m,n) + 4 * px(n) * pxx(m) *
xB1(m,n) + 2 * px(m) * pxx(n) * xB1(m,n) + 2 * p(n) * pxxx(m) * xB1(m,n) − (((b +
dp) * p(n) * px(m) + p(m) * (−2 * bx * p(n) + (b + dp) * px(n))) * xC(m,n))/(b + dp)
** 3 − ((2 * bx ** 3 * p(m) * p(n) − 4 * bx * bxx * (b + dp) * p(m) * p(n) + 2 * bxxx *
(b + dp) ** 2 * p(m) * p(n) − 3 * bx ** 2 * (b + dp) * p(n) * px(m) + 4 * bxx * (b +
dp) ** 2 * p(n) * px(m) − 3 * bx ** 2 * (b + dp) * p(m) * px(n) + 4 * bxx * (b + dp) **
2 * p(m) * px(n) + 4 * bx * (b + dp) ** 2 * px(m) * px(n) + 2 * bx * (b + dp) ** 2 *
p(n) * pxx(m) + 2 * bx * (b + dp) ** 2 * p(m) * pxx(n)) * xC2(m,n))/(b + dp) ** 3

PhiHatXT = − ((bxt * px(n) + bx * pxt(n) + bt * pxx(n) + (b + dp) * pxxt(n)) * xA(m,
n)) + (bxxt * p(n) + bxx * pt(n) + bxt * px(n) + bx * pxt(n)) * xB1(m,n) − bxt *
px(n) * xB1(n,m) − bx * pxt(n) * xB1(n,m) − (bt * p(n) * xC(m,n))/(b + dp) ** 2 +
(pt(n) * xC(m,n))/(b + dp) − (bt * bx ** 2 * p(n) * xC2(m,n))/(b + dp) ** 2 + (2 *
bx * bxt * p(n) * xC2(m,n))/(b + dp) + (bx ** 2 * pt(n) * xC2(m,n))/(b + dp)

A = bxx * xB1(m,n) + xC(m,n)/(b + dp) + (bx ** 2 * xC2(m,n))/(b + dp)
B = − (bx * xA(m,n)) + bx * xB1(m,n) − bx * xB1(n,m)
C = − (b * xA(m,n)) − dp * xA(m,n)

上面的 PhiHatTX、PhiHatXT 和 A、B、C 分别表示式(2-18)中的求和项对 x 的导数和式(2-19)对 t 的导数，以及 $\dot{\phi}_{n,xx}$、$\dot{\phi}_{n,x}$、$\dot{\phi}_n$ 的系数矩阵 $\widetilde{A}$、$\widetilde{B}$、$\widetilde{C}$。令 $\dot{\phi}_{n,xx}$、$\dot{\phi}_{n,x}$、$\dot{\phi}_n$ 等于零，代入层析水波理论 HLIGN 有限水深模型方程，并将计算结果移到等号右边，则得到 f。

该程序需要用到的模块有 input_md、daoshu_md、main_md、xABC_md 和 ign_md。其中，ign_md 中变量为：a1（矩阵 $\widetilde{A}$），b1（矩阵 $\widetilde{B}$），c1（矩阵 $\widetilde{C}$）和 y1（向量 f）。子程序 ign(i) 如下：

```
1.   subroutine ign(i)
2.   use input_md,only: K => nL,g, depth
3.   use daoshu_md, only: phi00,   phi10,    phi20,   phi30,   bt00,    bt10, bt20,
     bt30, bt01, bt11, bt21
4.   use ign_md,only:a1,    b1, c1,y1
5.   use main_md, only:      betatmp
6.   use xABC_md, only:    xA, xB1, xC, xC2
7.   implicit none
8.   integer * 4 :: i                        !表示计算的网格点
9.   integer * 4:: m, n                      !临时变量(计数器)
10.  real * 8 :: tp1, tp2, tp3               !临时变量
11.  real * 8 :: b,  bx, bxx, bxxx           !波面及其对 x 的一、二、三阶导数
12.  real * 8 :: bt, bxt, bxxt               !波面一阶时间导数及其对 x 的一、二阶导数
13.  real * 8, allocatable, dimension(:) :: p, px, pxx, pxxx  !流函数及其对 x 的一、
     二、三阶导数
14.  real * 8,allocatable,dimension(:) :: pt, pxt, pxxt   !流函数一阶时间导数及其
     对 x 的一、二阶导数
15.  real * 8 :: dp, phihatTX    !水深,自由面速度势对 x 和 t 的一阶时间导数
16.
17.  !!!
18.  !功能:将计算值代入层析水波理论 HLIGN 有限水深模型方程并计算方程求解需要
     用到的系数矩阵 A、B、C、f 以及波面对时间的一阶导数 betatmp
19.  !!!
20.  dp = depth                              !dp 赋值
21.  allocate(p(K), px(K), pxx(K), pxxx(K))  !数组分配大小
22.  allocate(pt(K), pxt(K), pxxt(K) )
23.  pt(:) = 0                               !对 pt、pxt、pxxt 赋值为 0,便于计算 f
24.  pxt(:) = 0
25.  pxxt(:) = 0
26.  b = bt00      !对 b、bx、bxx、bxxx 赋值(即改变变量在此子程序中的名称)
27.  bx = bt10
28.  bxx = bt20
29.  bxxx = bt30
30.  do m = 1, K   !对 p、px、pxx、pxxx 赋值(即改变变量在此子程序中的名称)
31.      p(m) = phi00(m)
```

```
32.      px(m) = phi10(m)
33.      pxx(m) = phi20(m)
34.      pxxx(m) = phi30(m)
35.   enddo
36.   tp1 = 0    !计算波面一阶时间导数,将结果储存到变量 betatmp
37.   do m = 1, K
38.      tp1 = tp1 + px(m)
39.   enddo
40.   betatmp(i) = - tp1
41.   bt = bt01    !对 bt、bxt、bxxt 赋值(即改变变量在此子程序中的名称)
42.   bxt = bt11
43.   bxxt = bt21
44.   do m = 1, K
45.      do n = 1, K
46.         a1(m,n) = - (b * xA(m,n)) - dp * xA(m,n)    !
47.         b1(m,n) = - (bx * xA(m,n)) + bx * xB1(m,n) - bx * xB1(n,m)    !
48.         c1(m,n) = bxx * xB1(m,n) + xC(m,n)/(b + dp) + (bx ** 2 * xC2(m,n))/(b + dp)    !
49.      enddo
50.   enddo
51.   tp1 = 0    !求解 phihatTX
52.   do m = 1, K
53.      do n = 1, K
54.         tp1 = tp1 + (px(n) * pxx(m) * xA(m,n) + px(m) * pxx(n) * xA(m,n) + 4 * px(n)
   * pxx(m) * xB1(m,n) + 2 * px(m) * pxx(n) * xB1(m,n) + 2 * p(n) * pxxx(m) * xB1(m,
   n) - (((b + dp) * p(n) * px(m) + p(m) * (-2 * bx * p(n) + (b + dp) * px(n))) *
   xC(m,n))/(b + dp) ** 3 - ((2 * bx ** 3 * p(m) * p(n) - 4 * bx * bxx * (b + dp) *
   p(m) * p(n) + 2 * bxxx * (b + dp) ** 2 * p(m) * p(n) - 3 * bx ** 2 * (b + dp) *
   p(n) * px(m) + 4 * bxx * (b + dp) ** 2 * p(m) * px(m) - 3 * bx ** 2 * (b + dp) *
   p(m) * px(n) + 4 * bxx * (b + dp) ** 2 * p(m) * px(n) + 4 * bx * (b + dp) ** 2 *
   px(m) * px(n) + 2 * bx * (b + dp) ** 2 * p(n) * pxx(m) + 2 * bx * (b + dp) ** 2 *
   p(m) * pxx(n)) * xC2(m,n))/(b + dp) ** 3)
55.      enddo
56.   enddo
57.   phihatTX = 0.5d0 * tp1 - g * bx
58.   y1(:) = 0          !计算 f
59.   do m = 1, K
60.      tp1 = 0
61.      do n = 1, K
62.         tp1 = tp1 + ( - ((bxt * px(n) + bx * pxt(n) + bt * pxx(n) + (b + dp) *
   pxxt(n)) * xA(m,n)) + (bxxt * p(n) + bxx * pt(n) + bxt * px(n) + bx * pxt(n)) *
   xB1(m,n) - bxt * px(n) * xB1(n,m) - bx * pxt(n) * xB1(n,m) - (bt * p(n) * xC(m,
   n))/(b + dp) ** 2 + (pt(n) * xC(m,n))/(b + dp) - (bt * bx ** 2 * p(n) * xC2(m,
   n))/(b + dp) ** 2 + (2 * bx * bxt * p(n) * xC2(m,n))/(b + dp) + (bx ** 2 * pt(n) *
   xC2(m,n))/(b + dp))
63.      enddo
```

```
64.      y1(m) = tp1 - phihatTX
65.    enddo
66.    y1(:) = - y1(:)    !移动到右端,得到方程右端值
67.    return
68.  end
```

3.15 合成矩阵子程序

子程序 matrixcoef(i)用于计算空间离散后的层析水波理论 HLIGN 有限水深模型方程矩阵系数。

与求导运算不同的是,本书对 $\dot{\psi}_{n,xx}$ 和 $\dot{\psi}_{n,x}$ 使用的是五点中心差分法进行空间离散,如下:

$$\dot{\psi}_{n,x}^{(i,j)} = (\dot{\psi}_n^{(i-2,j)} - 8\dot{\psi}_n^{(i-1,j)} + 8\dot{\psi}_n^{(i+1,j)} - \dot{\psi}_n^{(i+2,j)})/(12\mathrm{d}x) \tag{3-32}$$

$$\dot{\psi}_{n,xx}^{(i,j)} = (-\dot{\psi}_n^{(i-2,j)} + 16\dot{\psi}_n^{(i-1,j)} - 30\dot{\psi}_n^{(i,j)} + 16\dot{\psi}_n^{(i+1,j)} - \dot{\psi}_n^{(i+2,j)})/(12\mathrm{d}x^2) \tag{3-33}$$

式(3-31)可以写成下面的形式:

$$A^{(i,j)}\dot{\psi}_n^{(i-2,j)} + B^{(i,j)}\dot{\psi}_n^{(i-1,j)} + C^{(i,j)}\dot{\psi}_n^{(i,j)} + D^{(i,j)}\dot{\psi}_n^{(i+1,j)} + E^{(i,j)}\dot{\psi}_n^{(i+2,j)}$$
$$= f^{(i,j)} \tag{3-34}$$

其中,

$$A^{(i,j)} = -\widetilde{A}^{(i,j)}\frac{1}{12\mathrm{d}x^2} + \widetilde{B}^{(i,j)}\frac{1}{12\mathrm{d}x} \tag{3-35}$$

$$B^{(i,j)} = +\widetilde{A}^{(i,j)}\frac{16}{12\mathrm{d}x^2} - \widetilde{B}^{(i,j)}\frac{8}{12\mathrm{d}x} \tag{3-36}$$

$$C^{(i,j)} = -\widetilde{A}^{(i,j)}\frac{30}{12\mathrm{d}x^2} + \widetilde{C}^{(i,j)} \tag{3-37}$$

$$D^{(i,j)} = +\widetilde{A}^{(i,j)}\frac{16}{12\mathrm{d}x^2} + \widetilde{B}^{(i,j)}\frac{8}{12\mathrm{d}x} \tag{3-38}$$

$$E^{(i,j)} = -\widetilde{A}^{(i,j)}\frac{1}{12\mathrm{d}x^2} - \widetilde{B}^{(i,j)}\frac{1}{12\mathrm{d}x} \tag{3-39}$$

该程序需要用到的模块有 input_md、ign_md 和 matrixcoef_md。其中,matrixcoef_md 中各变量的含义为:$a(A^{(i,j)})$,$b(B^{(i,j)})$,$c(C^{(i,j)})$,$d(D^{(i,j)})$,$e(E^{(i,j)})$,$y(f^{(i,j)})$。子程序 matrixcoef(i)如下:

```
1.  subroutine matrixcoef(i)
2.  use ign_md,only:a1,b1,c1,y1
3.  use matrixcoef_md,only:a,b,c,d,e,y
4.  use input_md,only:dx
5.  implicit none
6.  integer*4 :: i          !表示计算的空间点编号
7.  !!!
8.  !功能：计算空间离散后的层析水波理论HLIGN有限水深模型方程矩阵系数
9.  !!!
10. a(:,:,i) = (a1(:,:)/(12*dx**2))*(-1) + (b1(:,:)/(12*dx))*(1)   !对应
    式(3-35)
11. b(:,:,i) = (a1(:,:)/(12*dx**2))*(16) + (b1(:,:)/(12*dx))*(-8)  !对应
    式(3-36)
12. c(:,:,i) = (a1(:,:)/(12*dx**2))*(-30) + c1(:,:)    !对应式(3-37)
13. d(:,:,i) = (a1(:,:)/(12*dx**2))*(16) + (b1(:,:)/(12*dx))*(8)   !对应
    式(3-38)
14. e(:,:,i) = (a1(:,:)/(12*dx**2))*(-1) + (b1(:,:)/(12*dx))*(-1)  !对
    应式(3-39)
15. y(:,i) = y1(:)          !对式(3-34)等号右端的 *f* 赋值
16. return
17. end
```

3.16　更新当前时刻方程组子程序

子程序 updateut() 用于赋值方程组左边界处的 f_1 和 f_2，求解方程组和输出求解失败前的波面。

可以看出，根据式(3-34)可以建立一个块状五对角线性方程组，形式如下：

$$\begin{bmatrix} C_1 & D_1 & E_1 & & & & & \\ B_2 & C_2 & D_2 & E_2 & & & & \\ A_3 & B_3 & C_3 & D_3 & E_3 & & & \\ & \ddots & \ddots & \ddots & \ddots & \ddots & & \\ & & A_{nx-2} & B_{nx-2} & C_{nx-2} & D_{nx-2} & E_{nx-2} & \\ & & & A_{nx-1} & B_{nx-1} & C_{nx-1} & D_{nx-1} & \\ & & & & A_{nx} & B_{nx} & C_{nx} \end{bmatrix} \begin{bmatrix} \dot{\xi}^{(1,j)} \\ \dot{\xi}^{(2,j)} \\ \dot{\xi}^{(3,j)} \\ \vdots \\ \dot{\xi}^{(nx-2,j)} \\ \dot{\xi}^{(nx-1,j)} \\ \dot{\xi}^{(nx,j)} \end{bmatrix} = \begin{bmatrix} f_1 \\ f_2 \\ f_3 \\ \vdots \\ f_{nx-2} \\ f_{nx-1} \\ f_{nx} \end{bmatrix}$$

(3-40)

该问题在空间上是两点边值问题，时间上是初值问题。我们将整个计算域所

在 x 范围均匀划分为 $nx-1$ 份，计算域内共 nx 个网格点，间距为 $\mathrm{d}x$，第 i 个网格点的空间位置是 $x_i=(i-1)\mathrm{d}x, i=1,2,\cdots,nx$。时间上，以 $\mathrm{d}t$ 为时间步长进行步进。第 j 个时间步，对应的时刻为 $t_j=j\mathrm{d}t, j=1,2,\cdots,nt$。为推导方便，下面推导过程中我们用 $\boldsymbol{\xi}^{(i,j)}$ 来表示流函数系数 $\boldsymbol{\psi}_n(x_i,t_j)$。用 $\dot{\boldsymbol{\xi}}^{(i,j)}$ 来表示流函数系数的时间导数 $\dot{\boldsymbol{\psi}}_n(x_i,t_j)$。

在一般情况下，我们在左边设置造波边界条件，所以认为变量 $\dot{\boldsymbol{\xi}}^{(-1,j)}$ 和 $\dot{\boldsymbol{\xi}}^{(0,j)}$ 的值是已知的。在计算域的右侧，因为可以看作辐射边界条件，$\dot{\boldsymbol{\xi}}^{(nx+1,j)}$ 和 $\dot{\boldsymbol{\xi}}^{(nx+2,j)}$ 的值也认为是已知的。由于方程求解只用到 j 时刻的值，为了方便我们省去 j，因此用 A_i、B_i、C_i、D_i 和 E_i 分别表示 $A^{(i,j)}$、$B^{(i,j)}$、$C^{(i,j)}$、$D^{(i,j)}$ 和 $E^{(i,j)}$。式(3-34)的右端项为

$$f_1 = f^{(1,j)} - A_1 \dot{\boldsymbol{\xi}}^{(-1,j)} - B_1 \dot{\boldsymbol{\xi}}^{(0,j)} \tag{3-41}$$

$$f_2 = f^{(2,j)} - A_2 \dot{\boldsymbol{\xi}}^{(0,j)} \tag{3-42}$$

$$f_{nx-1} = f^{(nx-1,j)} - E_{nx-1} \dot{\boldsymbol{\xi}}^{(nx+1,j)} \tag{3-43}$$

$$f_{nx} = f^{(nx,j)} - D_{nx} \dot{\boldsymbol{\xi}}^{(nx+1,j)} - E_{nx} \dot{\boldsymbol{\xi}}^{(nx+2,j)} \tag{3-44}$$

$$f_i = f^{(i,j)}, \quad i=3,4,\cdots,nx-2 \tag{3-45}$$

该程序用到的模块有 matrixcoef_md、input_md、main_md 和 solve_md。solve_md 中 xi 表示式(3-40)中的 $\dot{\boldsymbol{\xi}}^{(i,j)}$，也即流函数系数的时间导数 $\dot{\boldsymbol{\psi}}_n(x_i,t_j)$。子程序 updateut()如下：

```
1.   subroutine updateut()
2.   use matrixcoef_md,only:a,b,y
3.   use input_md,only: nl, nx
4.   use main_md,only: phiT
5.   use solve_md,only:xi
6.   implicit none
7.   integer*4 :: i,  judge,   ibreak      !临时变量,求解失败判断条件,求解失败时的网格点编号
8.   real*8,allocatable,dimension(:) :: tp    !临时一维数组
9.   allocate(tp(nl))                         !定义数组大小
10.  
11.  !!!
12.  !其主要功能有三点:
13.  !(1) 赋值方程组左边界处的 f_1 和 f_2;
14.  !(2) 求解方程组;
```

```
15.     !(3) 如有求解失败的情况发生则输出失败前的波面
16.     !在子程序 save_now 中会将方程组的求解结果赋值给 main_md 中的 phiT
17.     !!!
18.     call matxvec(b(:,:,1),phiT(0,:,2),tp,nl)    !对应式(3-41),计算得到 $f_1$
19.     y(:,1) = y(:,1) - tp
20.     call matxvec(a(:,:,1),phiT(-1,:,2),tp,nl)
21.     y(:,1) = y(:,1) - tp
22.     call matxvec(a(:,:,2),phiT(0,:,2),tp,nl)     !对应式(3-42),计算得到 $f_2$
23.     y(:,2) = y(:,2) - tp
24.     call solve(nx,nl,judge,ibreak)         !调用子程序 slove,参照式(3-41)～式(3-61)
        求解式(3-40)
25.     if(judge.eq.0) then                    !以下 6 行进行判断求解失败
26.         print *,'Fail'
27.         print *, 'stop'
28.         call output_fail()     ! 调用子程序 output_fail(),输出求解失败前波面文件
29.         read *, i               !只是不让窗体消失
30.     endif
31.     return
32. end
```

子程序 updateut()中还用到了 matxvec(a,b,c,n)子程序,该子程序的功能是进行矩阵与向量相乘运算。其中,a 对应 $n \times n$ 的矩阵,b 和 c 分别对应 n 维向量。该程序代码将在后面章节介绍。

updateut()程序代码中用到一个子程序 output_fail(),该子程序用到的模块有 main_md 和 input_md。值得说明的是,该子程序会计算求解失败发生的当前时刻,并用这个时间来为记录求解失败的文件命名。但文件记录的是求解失败发生前 $t-4dt$ 时刻的波面和流场信息,因为求解失败发生的当前时刻波面和流场往往会表现异常,无法反映任何有效信息。output_fail()代码如下:

```
1.  subroutine output_fail()
2.  use main_md,only:jt,beta,phi
3.  use input_md,only:nL,nx,dx,dt
4.  implicit none
5.  integer * 4 i                !临时变量
6.  character * 7 tp1            !临时变量
7.  character * 11 name          !临时变量,储存文件名
8.  real * 8  :: t               !时刻
9.
10. !!!
```

```
11.    !功能:输出求解失败前波面流场信息,生成以求解失败发生时刻命名的文件,用以
       记录求解失败前 t-4dt 时刻的波面快照
12.    !!!
13.    t = jt * dt !得到计算时刻
14.    write(tp1,'(f7.3)') t        !给输出文件命名,并打开文件
15.    name = tp1//'.txt'
16.    open(1,file = name)
17.    do i = 1,nx                  !输出求解失败发生前的流场信息
18.       write(1,'(12f20.7)') (i-1) * dx,beta(i,-2),phi(i,1:nl,-2)
19.    enddo
20.    close (1)
21.    return
22.    end
```

3.17 求解方程子程序

子程序 solve(m,n,judge,ibreak) 用于矩阵求解,得到流函数系数的一阶时间导数。

对于式(3-40)给出的块状五对角线性方程组,这里给出其求解方法。由于方程求解只用到 j 时刻的值,为了方便,我们省去 j,并用 x_i 表示 $\xi^{(i,j)}$。

首先,分析式(3-40)中的第一个等式,可以将其写作

$$x_1 = s_1 + G_1 x_2 + H_1 x_3 \tag{3-46}$$

其中,

$$s_1 = (C_1)^{-1}(f_1) \tag{3-47}$$

$$G_1 = (C_1)^{-1}(-D_1) \tag{3-48}$$

$$H_1 = (C_1)^{-1}(-E_1) \tag{3-49}$$

分析式(3-40)中的第二个等式,并且利用式(3-46),得到

$$x_2 = s_2 + G_2 x_3 + H_2 x_4 \tag{3-50}$$

其中,

$$Q = (B_2 G_1 + C_2)^{-1} \tag{3-51}$$

$$s_2 = Q(f_2 - B_2 s_1) \tag{3-52}$$

$$G_2 = Q[-(B_2 H_1 + D_2)] \tag{3-53}$$

$$H_2 = Q(-E_2) \tag{3-54}$$

对式(3-40)中的第三个等式及后面的等式,即对 $i = 3,4,\cdots,nx$,利用 $x_{i-1} =$

$s_{i-1} + G_{i-1} x_i + H_{i-1} x_{i+1}$ 和 $x_{i-2} = s_{i-2} + G_{i-2} x_{i-1} + H_{i-2} x_i$，可以得到

$$x_i = s_i + G_i x_{i+1} + H_i x_{i+2} \qquad (3-55)$$

其中，

$$Q = [A_i (G_{i-2} G_{i-1} + H_{i-2}) + B_i G_{i-1} + C_i]^{-1} \qquad (3-56)$$

$$s_i = Q [f_i - A_i (s_{i-2} + G_{i-2} s_{i-1}) - B_i s_{i-1}] \qquad (3-57)$$

$$G_i = Q \{-[(A_i G_{i-2} + B_i) H_{i-1} + D_i]\} \qquad (3-58)$$

$$H_i = Q(-E_i) \qquad (3-59)$$

令式(3-55)中的 $i = nx - 1$，得到的式子即对应的式(3-40)的倒数第二个等式。我们注意到，对于式(3-40)的倒数第二个等式，存在 $E_{nx-1} = 0$，因此式(3-55)可以写为

$$x_{nx-1} = s_{nx-1} + G_{nx-1} x_{nx} \qquad (3-60)$$

令式(3-55)中的 $i = nx$，得到的式子就是对应的式(3-40)的最后一个等式，我们注意到，对于式(3-40)的最后一个等式，存在 $D_{nx} = E_{nx} = 0$ 和 $H_{nx-1} = 0$，此时式(3-55)可以写为

$$x_{nx} = s_{nx} \qquad (3-61)$$

计算时，首先计算 s_i、G_i、$H_i (i = 1, 2, \cdots, nx)$ 的值。然后，我们可以由式(3-61)得到 x_{nx} 的值，由式(3-60)得到 x_{nx-1} 的值，再由式(3-55)计算 $x_i (i = nx - 2, nx - 3, \cdots, 4, 3)$ 的值。最后分别由式(3-50)和式(3-46)计算 x_2 和 x_1 的值。

根据上面的算法可以得到未知流函数系数的一阶时间导数，即 $\dot{\psi}_1, \dot{\psi}_2, \cdots, \dot{\psi}_K$。瞬时波面的一阶时间导数 $\dot{\eta}$ 可以由式(2-8)计算得到。

如果方程能顺利计算，则方程求解指示器 judge 等于 1，否则等于 0。若求解失败，程序会上传矩阵求解失败的网格点编号 ibreak。

程序需要用到的模块有 matrixcoef_md 和 solve_md。solve_md 中 s、g、h 是求解过程中需要用到的变量，对应上面公式中的向量 s、G 和 H。子程序 solve(m, n, judge, ibreak) 如下：

```
1.   subroutine solve(m,n,judge,ibreak)
2.   use matrixcoef_md,only:f => y
3.   use matrixcoef_md,only:a,b,c,d,e
4.   use solve_md,only:xi,s,g,h
5.   implicit none
6.   integer*4 :: m,n              !m 表示计算域的离散点个数,n 表示 IGN 的级别
```

```
7.   integer * 4 :: judge,ibreak        ! judge = 0,代表矩阵求逆失败,ibreak 存储求
                                          逆失败的网格点编号
8.   integer * 4 :: i                   !临时变量
9.   real * 8,dimension(:) :: tp1(n),tp2(n),tp6(n)      !临时一维数组
10.  real * 8,dimension(:,:) :: tp3(n,n),tp4(n,n),tp5(n,n),tp7(n,n)!临时二维数组
11.
12.  !!!
13.  !功能:矩阵求解,得到流函数系数的一阶时间导数。如果矩阵求逆失败,会更新矩
       阵求逆指示器 judge 的值,并输出矩阵求逆失败的网格点编号 ibreak
14.  !!!
15.  tp3(:,:) = c(:,:,1)
16.  call invmat(tp3,n,judge)           ! 式(3-47)～式(3-49)中 $C_1$ 矩阵的逆阵
17.  if (judge.eq.0) then                !进行求解失败判断
18.     ibreak = 1
19.     return
20.  endif
21.  call matxvec(tp3,f(:,1),s(:,1),n)   !对应式(3-47)
22.  call matxmat(tp3, - d(:,:,1),g(:,:,1),n)  !对应式(3-48)
23.  call matxmat(tp3, - e(:,:,1),h(:,:,1),n)  !对应式(3-49)
24.  call matxmat(b(:,:,2),g(:,:,1),tp3,n)     !对应式(3-51)
25.  tp3 = tp3 + c(:,:,2)
26.  call invmat(tp3,n,judge)
27.  if (judge.eq.0) then                !进行求解失败判断
28.     ibreak = 2
29.     return
30.  endif
31.  call matxvec(b(:,:,2),s(:,1),tp6,n)  !对应式(3-52)
32.  tp1 = f(:,2) - tp6
33.  call matxvec(tp3,tp1,s(:,2),n)
34.  call matxmat(b(:,:,2),h(:,:,1),tp4,n)   !对应式(3-53)
35.  tp4 = tp4 + d(:,:,2)
36.  call matxmat(tp3, - tp4,g(:,:,2),n)
37.  call matxmat(tp3, - e(:,:,2),h(:,:,2),n)  !对应式(3-54)
38.  do i = 3,m                          !从第3个点开始循环
39.     call matxmat(g(:,:,i-2),g(:,:,i-1),tp3,n)  !对应式(3-56)
40.     tp3 = tp3 + h(:,:,i-2)
41.     call matxmat(a(:,:,i),tp3,tp5,n)
42.     tp3 = tp5
43.     call matxmat(b(:,:,i),g(:,:,i-1),tp5,n)
44.     tp3 = tp3 + tp5 + c(:,:,i)
45.     call invmat(tp3,n,judge)
46.     if (judge.eq.0) then             !进行求解失败判断
47.        ibreak = i
48.        return
49.     endif
50.     call matxvec(g(:,:,i-2),s(:,i-1),tp6,n)!对应式(3-57)
```

```
51.    tp1 = s(:,i-2) + tp6
52.    call matxvec(a(:,:,i),tp1,tp6,n)
53.    call matxvec(b(:,:,i),s(:,i-1),tp2,n)
54.    tp1 = tp6 + tp2
55.    tp6 = f(:,i) - tp1
56.    call matxvec(tp3,tp6,s(:,i),n)
57.    call matxmat(g(:,:,i-2),h(:,:,i-1),tp4,n)     !对应式(3-58)
58.    call matxmat(a(:,:,i),tp4,tp5,n)
59.    call matxmat(b(:,:,i),h(:,:,i-1),tp7,n)
60.    tp4 = tp5 + tp7 + d(:,:,i)
61.    call matxmat(tp3, -tp4,g(:,:,i),n)
62.    call matxmat(tp3, -e(:,:,i),h(:,:,i),n)       !对应式(3-59)
63. enddo
64. xi(:,m) = s(:,m)                                 !对应式(3-61)
65. call matxvec(g(:,:,m-1),xi(:,m),tp1,n)           !对应式(3-60)
66. xi(:,m-1) = s(:,m-1) + tp1
67. do i = m-2,1,-1                                  !对应式(3-55)
68.    call matxvec(g(:,:,i),xi(:,i+1),tp1,n)
69.    call matxvec(h(:,:,i),xi(:,i+2),tp2,n)
70.    xi(:,i) = s(:,i) + tp1 + tp2
71. enddo
72. return
73. end
```

程序用到的 matxmat(a,b,c,n),matxvec(a,b,c,n) 子程序分别表示矩阵与矩阵相乘和矩阵与向量相乘,将在后文介绍。invmat(a,n,l) 子程序为矩阵求逆,有很多数学库函数可供调用实现,这里不作介绍。

3.18 存储当前时刻的计算结果子程序

子程序 save_now() 用于保存当前时刻的计算结果。该子程序需要用到的模块有 main_md 和 solve_md。在当前时刻将 ign(i) 子程序根据式(2-8)计算的波面的一阶时间导数 betatmp 和 solve(m,n,judge,ibreak) 子程序计算的流函数系数一阶时间导数分别保存到 betaT 和 phiT 中。子程序 save_now() 如下:

```
1.    subroutine save_now()
2.    use input_md, only:nx
3.    use main_md, only: betaT,phiT,betatmp
4.    use solve_md, only:xi
```

```
5.  implicit none
6.  integer * 4 :: i                    !临时变量(计数器)
7.
8.  !!!
9.  ! 功能:保存当前时刻的计算结果,存入 main_md 的 betaT、phiT 中
10. !!!
11. betat(1:nx,2) = betatmp(1:nx)  !更新波面一阶时间导数
12. do i = 1,nx
13.    phiT(i,:,2) = xi(:,i)          !更新 phiT 值
14. enddo
15. return
16. end
```

3.19 校正子程序

层析水波理论 HLIGN 有限水深模型时间步进采用四阶 Adams 预测-校正法。该子程序为时间步进中的校正步骤。以波面为例,根据如下公式进行校正:

$$\eta^t = \eta^{t-dt} + \eta^t_{,t} dt, \quad jt = 1 \tag{3-62}$$

$$\eta^t = \eta^{t-dt} + (\eta^t_{,t} + \eta^{t-dt}_{,t}) dt/2, \quad jt = 2 \tag{3-63}$$

$$\eta^t = \eta^{t-dt} + (5\eta^t_{,t} + 8\eta^{t-dt}_{,t} - \eta^{t-2dt}_{,t}) dt/12, \quad jt = 3 \tag{3-64}$$

$$\eta^t = \eta^{t-dt} + (9\eta^t_{,t} + 19\eta^{t-dt}_{,t} - 5\eta^{t-2dt}_{,t} + \eta^{t-3dt}_{,t}) dt/24, \quad jt \geqslant 4 \tag{3-65}$$

该程序需要用到的模块有 main_md 和 input_md。子程序 corrector()如下:

```
1.  subroutine corrector()
2.  use main_md,only:beta,betaT,phi,phiT,jt
3.  use input_md,only: dt,nx
4.  implicit none
5.  integer * 4 :: i                    !临时变量(计数器)
6.  !!!
7.  !功能:时间步进校正,根据求解得到的当前时刻波面和流函数的一阶时间导数,校
       正得到当前时间步的新计算值,包括当前时刻波面及其时间导数 beta、betaT 和流函
       数系数及其时间导数 phi、phiT
8.  !!!
9.  beta(:,3) = beta(:,2)        !为 converge(iconverge)子程序服务,判断当前时间步计
                                  算是否收敛
10. if(jt == 1) then              !对第 1 个时间步进行校正计算
11.    do i = 1,nx                !对应式(3-62)
```

```
12.     beta(i,2) = beta(i,1) + betat(i,2) * dt
13.     phi(i,:,2) = phi(i,:,1)   + phit(i,:,2) * dt
14.   enddo
15. elseif(jt == 2) then        !对第 2 个时间步进行校正计算
16.   do i = 1,nx               !对应式(3-63)
17.     beta(i,2) = beta(i,1) + (1 * betat(i,2) + 1 * betat(i,1)) * dt/2
18.     phi(i,:,2) = phi(i,:,1)   + (1 * phit(i,:,2) + 1 * phit(i,:,1)) * dt/2
19.   enddo
20. elseif(jt == 3) then        !对第 3 个时间步进行校正计算
21.   do i = 1,nx               !对应式(3-64)
22.     beta(i,2) = beta(i,1) + (5 * betat(i,2) + 8 * betat(i,1) - 1 * betat(i,0)) * dt/12
23.     phi(i,:,2) = phi(i,:,1)   + (5 * phit(i,:,2) + 8 * phit(i,:,1) - 1 * phit(i,:,0)) * dt/12
24.   enddo
25. elseif(jt >= 4) then        !对第 4 个及以后的时间步进行校正计算
26.   do i = 1,nx               !对应式(3-65)
27.     beta(i,2) = beta(i,1) + (9 * betat(i,2) + 19 * betat(i,1) - 5 * betat(i,0) + 1 * betat(i,-1)) * dt/24
28.     phi(i,:,2) = phi(i,:,1)   + (9 * phit(i,:,2) + 19 * phit(i,:,1) - 5 * phit(i,:,0) + 1 * phit(i,:,-1)) * dt/24
29.   enddo
30. endif
31. return
32. end
```

3.20 当前时间步内迭代收敛判断子程序

子程序 converge(iconverge)用于判断当前时间步计算是否收敛。

判断当前时间步计算是否收敛需要经过多轮校正。在得到校正值之后，将校正值与上一轮的校正值进行对比，若两者差别小于一定值，则认为计算收敛。我们选择 10^{-6} 作为小量，而判断是否收敛的值选择每个网格节点上的波面值，即波面误差小于 10^{-6} 就认为计算收敛。若计算收敛，则收敛指示器 iconverge 为 1，否则为 0。若计算不收敛，程序会进入下一次迭代校正，直至计算收敛，如下式：

$$\text{iconverge} = \begin{cases} 1, & |\eta^2 - \eta^3| < 10^{-6} \\ 0, & |\eta^2 - \eta^3| \geq 10^{-6} \end{cases} \quad (3-66)$$

式中，η^3 表示上一轮校正波面，η^2 表示最新校正波面。

程序用到的模块有 main_md 和 input_md。子程序 converge(iconverge)

如下:

```
1.  subroutine converge(iconverge)
2.  use main_md,only:beta
3.  use input_md,only:nx
4.  implicit none
5.  integer*4 :: iconverge   !收敛判断输出值(iconverge=1收敛,iconverge=0不
                              收敛)
6.  integer*4 :: i            !临时变量
7.  real*8    :: eps          !收敛判断的绝对误差值上限
8.
9.  !!!
10. !功能：判断当前时间步计算是否收敛,并更新收敛指示器iconverge,若计算收敛则
         等于1,不收敛则等于0
11. !!!
12. eps = 1.0d-6              !设定的绝对误差值上限
13. iconverge = 1             !默认收敛,用iconverge=1来表示,1代表收敛,0代表不
                              收敛
14. do i = 1,nx               !对计算域内每个点的波面进行判断
15.   if(dabs(beta(i,2)-beta(i,3))>eps) then    !一旦有超过上限的误差
16.     iconverge = 0         !将iconverge变量赋值为0,表明不收敛
17.     exit                  !将跳出循环
18.   endif
19. enddo
20. return
21. end
```

3.21 当前时间步计算结果的输出子程序

当前时间步如果判断为收敛,则可以输出本时间步的计算结果了。

计算完成后,可以得到4类输出文件。

第1类,每隔一定时间步自动生成的波面抓拍图记录文件,以当前时刻的时间"t"+".txt"为文件名。

第2类,用Tecplot软件打开,用于绘制数值模拟动画的数据文件,文件名是"movie.plt"。

第3类,指定位置的波面时历记录文件,以"gau"+空间位置"x"+".dat"这样的方法命名。

第4类,指定时刻的流场抓拍图记录文件,以"pai"+抓拍时的时间"t"+".dat"这样的方法命名。

该子程序用到的模块有 main_md、input_md 和 prepare_md。对应的子程序 output()如下：

```fortran
1.    subroutine output()
2.    use main_md, only: jt, beta, phi
3.    use input_md, only: ngauge, npai, nL, nx, nbs, nmovie, nsnapshot, dx, dt, pai
4.    use prepare_md, only: igauge, ipai
5.    implicit none
6.    integer * 4 i, j, jf              !临时变量
7.    character * 7 tp1                 !临时变量
8.    character * 14 tp                 !临时变量
9.    character * 11 name               !临时变量,储存文件名
10.   real * 8   :: t                   !当前计算时刻
11.
12.   !!!
13.   ! 功能：根据要求输出波面演化动画文件,固定观测点波面时间历程图绘制文件、指
!       定时刻波面图绘制文件以及固定时间间隔流场
14.   !!!
15.   t = jt * dt                       !当前计算时刻
16.   jf = 2000                         !输出固定观测点波面时间历程结果
17.   do i = 1, ngauge
18.     jf = jf + 1
19.     write(jf, *) t, beta(igauge(i), 2)      !输出顺序为时间、波面
20.   enddo
21.   do i = 1, npai                            !输出指定时刻波面结果
22.     if (jt.eq.ipai(i)) then
23.       write(tp1,'(f7.3)') pai(i)
24.       tp = 'pai'//tp1//'.dat'
25.       open (1, file = tp)
26.       do j = -2, nx
27.         write(1, *) (j-1) * dx, beta(j, 2), phi(j, 1:nL, 2)   !输出顺序为水平位
!                   置、波面、流函数系数
28.       enddo
29.       close (1)
30.     endif
31.   enddo
32.   if (mod(jt, nsnapshot).eq.0) then         !输出等时间间隔结果
33.     write(tp1, '(f7.3)') t
34.     name = tp1//'.txt'
35.     open(1, file = name)
36.     do i = -2, nx
37.       write(1, '(22f20.7)') (i-1) * dx, beta(i, 2)   !输出顺序为水平位置、波面
38.     enddo
39.     close (1)
40.   endif
```

```
41.    if(mod(jt,nmovie) == 0) then    !输出动画文件结果
42.       write(51, * ) 'zone i = ',nx,' f = POINT'
43.       do i = 1,nx
44.          write(51, * ) (i − 1) * dx,beta(i,2)
45.       enddo
46.    endif
47.    return
48.    end
```

3.22 关闭文件子程序

子程序 closefile() 用于关闭一些输出文件,它可以逐一关闭波面时间历程记录文件和波面动画记录文件。该程序用到的模块为 input_md,子程序 closefile() 如下:

```
1.    subroutine closefile()
2.    use input_md,only:ngauge
3.    implicit none
4.    integer * 4 :: jf,   i              !临时变量
5.
6.    !!!
7.    !功能:关闭一些输出文件
8.    !!!
9.    jf = 2000
10.   do i = 1,ngauge                     !关闭固定观测点输出文件
11.      jf = jf + 1
12.      close(jf)
13.   enddo
14.   close(51)                           !关闭动画文件
15.
16.   return
17.   end
```

3.23 其他子程序

在子程序 updateut 和 solve 中,用到 matxmat(a,b,c,n) 和 matxvec(a,b,c,n) 子程序,下面进行介绍。

matxmat(a,b,c,n) 子程序用以进行矩阵与矩阵相乘运算。设 $A = [a_{ij}]$ 是一

个 $n\times n$ 的矩阵，$B=[b_{ij}]$ 也是一个 $n\times n$ 的矩阵，那么 A 与 B 的乘积仍是一个 $n\times n$ 的矩阵 $C=[c_{ij}]$。其中，

$$c_{ij}=\sum_{k=1}^{n}a_{ik}b_{kj} \tag{3-67}$$

matxmat(a,b,c,n)子程序如下：

```
1.  subroutine matxmat(a,b,c,n)      !两个 n×n 矩阵相乘
2.  implicit none
3.  integer * 4 :: n
4.  real * 8,dimension(:,:) :: a(n,n),b(n,n)
5.  real * 8,dimension(:,:) :: c(n,n)
6.  integer * 4 :: i,j,k
7.  real * 8 :: tp1
8.
9.  !!!
10. !功能：将 n×n 的矩阵 A、B 相乘得到 n×n 的矩阵 C
11. !!!
12. do i = 1,n
13.   do j = 1,n
14.     tp1 = 0.0d0
15.     do k = 1,n
16.       tp1 = tp1 + a(i,k) * b(k,j)
17.     enddo
18.     c(i,j) = tp1
19.   enddo
20. enddo
21. return
22. end
```

matxvec(a,b,c,n)子程序用以进行矩阵与向量相乘运算。设 $A=[a_{ij}]$ 是一个 $n\times n$ 的矩阵，$B=[b_i]$ 是一个 n 维向量，那么 A 与 B 的乘积是一个 n 维向量 $C=[c_i]$。其中，

$$c_i=\sum_{j=1}^{n}a_{ij}b_j \tag{3-68}$$

matxvec(a,b,c,n)子程序如下：

```
1.  subroutine matxvec(a,b,c,n)      !n×n 矩阵和 n 维向量相乘
2.  implicit none
3.  integer * 4 :: n
4.  real * 8,dimension(:) :: b(n) , c(n)
```

```
5.   real * 8,dimension(:,:) :: a(n,n)
6.   integer * 4 :: i,j
7.   real * 8 :: tp1
8.
9.   !!!
10.  !功能：将 $n \times n$ 的矩阵 A 和 n 维的向量 B 相乘得到 n 维的向量 C
11.  !!!
12.  do i = 1,n
13.     tp1 = 0.0d0
14.     do j = 1,n
15.        tp1 = tp1 + a(i,j) * b(j)
16.     enddo
17.     c(i) = tp1
18.  enddo
19.  return
20.  end
```

第4章 聚焦波和畸形波数值模拟

波浪的非线性聚焦是畸形波生成的重要机制之一。本章对非线性聚焦波和畸形波开展了数值研究,将数值模拟的聚焦波波形和速度场与物理实验结果进行了对比,同时,还对观测到的畸形波进行了数值重现。研究表明,层析水波理论能很好地适用于聚焦波和畸形波的数值模拟。为了让读者更快地利用本书提供的程序进行波浪数值模拟,本章以聚焦波的数值模拟为例,讲述了使用层析水波理论 HLIGN 有限水深模型源代码的数值策略。

4.1 聚焦波的实验室模拟

Baldock 等(1996)在实验室的物理水槽中进行了一系列聚焦波实验,如图 4-1 所示。该水槽长 20m,宽 0.3m,深 0.7m。水槽造波装置用线性波浪理论控制,让一系列不同频率的规则波在指定位置 $x_f = 8.0$m 处聚焦,每个规则波的波幅 $A_i = A/29$,是相同的。其中,A 表示线性聚焦波幅。

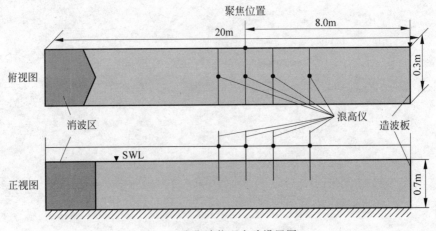

图 4-1 聚焦波物理实验设置图

本章主要对比了 Baldock 等(1996)文章中的 CaseB 和 CaseD 算例,如表 4-1 所示。

表 4-1 物理实验工况名称

算例名称	周期范围 T_i/s	对应 Baldock 等(1996)
宽谱聚焦波	$0.6 \leqslant T_i \leqslant 1.4$	CaseB
窄谱聚焦波	$0.8 \leqslant T_i \leqslant 1.2$	CaseD

Baldock 等(1996)的文章中,有 $A=22$mm,38mm,55mm 三种线性聚焦波幅。本章选择了 22mm 和 55mm,即弱非线性和强非线性这两种非线性聚焦波开展研究。

4.1.1 数值策略

本小节将以宽谱弱非线性聚焦波($A=22$mm)数值模拟为例,介绍利用层析水波理论 HLIGN 有限水深模型开源代码模拟聚焦波的一些基本数值策略。这些策略是本书作者基于对该模型多年的研究总结出的计算参数设置经验,能帮助读者快速得到一个较好的模拟效果。但值得注意的是,计算参数的设置经验并非一成不变的,针对不同物理问题也可能有所不同。因此对不同算例,进行参数的收敛性分析仍然是十分必要的。

1. 理论聚焦时间

理论聚焦时间 t_f 是模拟聚焦波时必须注意的一个参数,原则上应保证聚焦时间足够长,让最短规则波成分通过理论聚焦位置 x_f,即 $t_f \geqslant x_f/c_{g_{\min}}=15$s,其中 $c_{g_{\min}}$ 为最短规则波的群速度。最终我们取 $t_f=20$s。

2. 计算网格收敛性

这里的计算网格一般指的是空间网格尺度 dx 和时间步长 dt,这两者一般是关联的。因为当 dx 较小时,为了保证数值计算的精度和计算稳定性,dt 也会较小。

对于本小节展示的宽谱弱非线性聚焦波($A=22$mm)的数值模拟,计算网格参数的设置原则为,$dx \approx \lambda_{\min}/30=0.018$m,取 0.02m;$dt \approx dx/2.5c_{\max}=0.004$s,取 0.004s。其中,$\lambda_{\min}$ 和 $c_{\max}$ 分别为最短规则波的波长和最长规则波的相速度。

为了展示计算网格差异对计算结果的影响,选择如下三组数值:$(dx,dt)=(0.04$m,0.008s$)$、$(0.02$m,0.004s$)$ 和 $(0.01$m,0.002s$)$,即网格由稀疏到稠密,采用层析水波理论进行数值模拟,得到波面时间如图 4-2 所示。

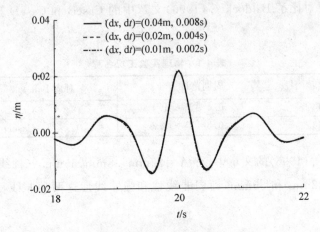

图 4-2 网格收敛性验证

图 4-2 中,黑色实线、红色虚线和蓝色点划线分别表示网格由稀疏到稠密的不同计算网格的结果。可以看出,网格$(dx,dt)=(0.020m,0.004s)$对于本算例达到收敛。

由于聚焦波可以看作一种特殊的不规则波,因此上述计算网格设定规则,即$dx \approx \lambda_{min}/30$ 和 $dt \approx dx/2.5c_{max}$,对于随机不规则波的数值模拟同样适用。而对于规则波的数值模拟,则可以考虑按$dx \approx \lambda/40$ 和 $dt \approx dx/2.5c$的原则进行设定,其中λ和c分别为规则波长和相速度。

3. 水池长度

在其他参数不变的情况下,数值水池长度 Lx 会对计算耗时、波浪反射有一定影响。对于聚焦波算例,还需要注意 Lx 必须大于聚焦位置到造波端的距离,且需要把消波区的长度考虑进来。一般有$5\lambda_{max} \leqslant Lx \leqslant 10\lambda_{max}$,其中$\lambda_{max}$表示最长波成分的波长。本算例中水池长度约为$7\lambda_{max} \approx 19.6m$,我们取 20m。我们曾令 Lx=15m 和 25m,对计算结果并无影响,这里不再进行分析。

4. 造波端平滑网格点个数

在其他参数不变的情况下,造波端平滑网格点个数 nxzb 影响的是造波边界能否稳定生成波浪。一般取 50 即可,本算例选取了 nxzb=25,50,100 三种情况,结果并无差异,这里不作展示。

5. 消波端消波网格点个数

在其他参数不变的情况下,消波端消波网格点个数 nxyb 影响的是阻尼区消波边界能否将反射波消除。一般取 100 就足够了,对于一些非线性较强的波浪可以适当增加,本算例选取了 nxyb＝50,100,200 三种情况进行考察,结果并无差异。

6. 全局平滑强度

全局平滑可以在计算过程中将整个计算域内导致数值不稳定性的杂波平滑消除。在其他参数不变的情况下,升高全局平滑强度 smthfactor,对提高计算稳定性有帮助。然而,smthfactor 也不宜取得太大,以免造成过度平滑的效果。在保证程序能平稳计算的前提下,一般建议取 0.01。我们选取了 smthfactor＝0.01,0.05,0.10 三种情况进行考察,波面时历的对比情况如图 4-3 所示。可以发现,对于弱非线性聚焦波数值模拟,smthfactor 大于 0.05 时将对波峰产生比较明显的影响。

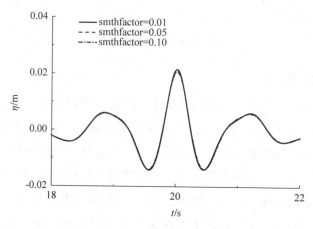

图 4-3　全局平滑强度参数测试

7. 造波端平滑强度

除了全局平滑强度参数,造波端平滑强度参数 filterL 也是考察对象。造波端平滑有助于减弱造波过程中的数值不稳定性。由于在程序中对造波端平滑采用了线性过渡,如式(3-16),因此 filterL 对计算结果的影响比 smthfactor 小。我们选取了 filterL＝0.01,0.10,0.50 三种情况进行考察,波面时历的对比情况如图 4-4 所示。结果表明,filterL 大于 0.10 时才会对波峰产生比较明显的影响。对于本算例,我们同样建议取 0.01。

8. 造波起始阶段过渡时间

设定造波起始阶段过渡时间 Tdamp,是为了保证造波边界能从平静状态逐步过渡到稳定造波状态。特别是对于强非线性波浪,Tdamp 的作用更加明显,能显著提高造波边界的稳定性。一般可以将其设置为 T_{max},其中 T_{max} 为最长波成分的周期,本算例中取 1.4s。

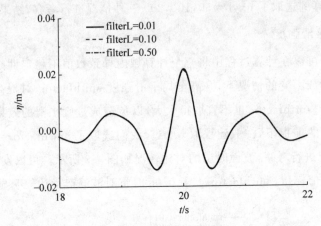

图 4-4　造波端平滑强度参数测试

9. 级别收敛性

段文洋等(2017)给出了层析水波理论 HLIGN 有限水波模型的色散性能，为收敛级别的选择提供了一定参考。但为保证模拟精度，对层析水波理论 HLIGN 有限水波模型的级别需要进行自收敛性分析。本算例中，在其他参数不变的情况下，我们采用了 IGN-3、IGN-5 和 IGN-7 三种级别进行模拟，得到波面时间历程和流体水平速度垂向分布如图 4-5 所示。图中实线、虚线和点划线分别表示采用这三种级别模型的模拟效果。从图中可以发现，在波面时间历程和流体速度垂向分布方面，IGN-3 和 IGN-5 的计算结果有明显差别，而 IGN-5 和 IGN-7 则几乎完全重合。因此，可以认为采用第 5 级别的层析水波理论对于模拟聚焦波级别收敛。

4.1.2　弱非线性聚焦波

采用收敛的网格和层析水波理论的级别对该算例进行模拟，可以得到非线性聚焦波的模拟结果。本章展示的结果主要分为三类：实际聚焦位置处浪高仪时间历程、实际聚焦时刻波面空间分布和实际聚焦波峰以下流体质点水平速度的垂向分布。

对于 $A=22\text{mm}$ 的情况，实际聚焦位置为 8.04m，与设定的 $x_\text{f}=8.0\text{m}$ 存在微小偏差。在该位置布置浪高仪记录波面时间历程，并与物理实验对比，结果如图 4-6 所示。

图 4-6 中空心点为 Baldock 等(1996)的实验值，黑色实线、蓝色间断线和红色点划线分别为层析水波理论、线性波浪理论和 Stokes 二阶波浪理论的数值结果。为了方便比较，这些结果的时间轴都移到了与物理实验一致的位置。从结果来看，

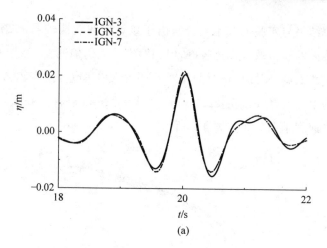

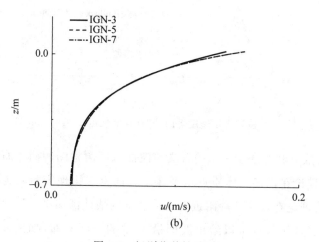

图 4-5 级别收敛性验证

(a) 波面时间历程；(b) 流体水平速度垂向分布

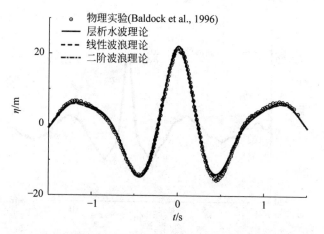

图 4-6 波面时间历程(宽谱聚焦波，$A=22\mathrm{mm}$)

层析水波理论结果与实验值基本吻合。由于该算例非线性较弱,二阶波浪理论和线性理论对波面的模拟效果也比较好,但相对实验值仍偏低。

由于非线性太弱,实际聚焦时刻相对 t_f 并未发生偏差,仍为 20.0s。但层析水波理论给出的聚焦波峰高度为 22.2mm,比 $A=22$mm 略高。在实际聚焦波峰之下的流体水平速度垂向分布如图 4-7 所示。

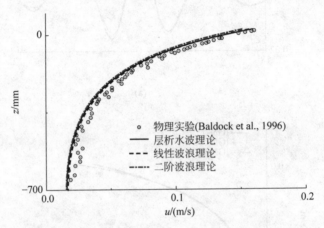

图 4-7　流体水平速度垂向分布(宽谱聚焦波,$A=22$mm)

图 4-7 中散点和曲线所表示的含义与波面时间历程图相同。而从图中仍能看出,层析水波理论在描述流体质点水平速度方面也与物理实验较为吻合。线性波浪理论和二阶理论在聚焦波峰附近对流体速度的估计都偏小。

在实际聚焦时刻,也可以给出波面沿 x 轴的空间分布,如图 4-8 所示。由于 Baldock 等(1996)并未给出聚焦时刻波面照片,因此仅将层析水波理论的数值结果与波浪理论解作了对比。

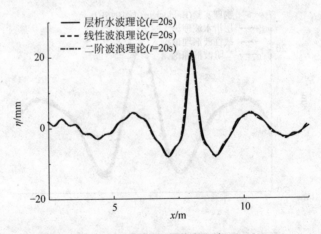

图 4-8　波面的空间分布(宽谱聚焦波,$A=22$mm)

图 4-8 中,层析水波理论、线性波浪理论和二阶波浪理论的实际聚焦时间均为 20s。从图中容易看出,层析水波理论的数值波面相对线性和二阶理论解较大,其聚焦位置也偏后。聚焦位置后移前面已经介绍过,该现象在 Baldock 等(1996)的物理实验中同样被观察到。

4.1.3 强非线性宽谱聚焦波

当 $A=55$mm 时,波浪非线性显著增强。实际聚焦位置为 8.32m,与 x_f 的偏差也显著增大。同样,在实际聚焦位置的波面时间历程与物理实验对比如图 4-9 所示。

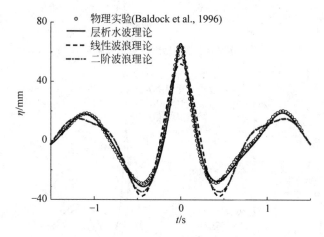

图 4-9　波面时间历程(宽谱聚焦波,$A=55$mm)

从结果来看,层析水波理论仍与实验值吻合,但不管是二阶波浪理论还是线性理论的聚焦波峰都明显低于实验值。而且层析水波理论和物理实验的聚焦波峰与线性理论和二阶理论相比更加尖瘦。在两侧峰的吻合程度上,理论解也完全不如层析水波理论。

在流体质点水平速度的垂向分布方面,我们同样与物理实验进行了对比,结果如图 4-10 所示。

强非线性聚焦波($A=55$mm)的流体速度的确明显高于 $A=22$mm 的情况。在强非线性聚焦波中,线性理论和二阶波浪理论对聚焦波峰附近的流体质点速度同样低估,而层析水波理论则明显优于上述波浪理论解。同时,我们发现二阶波浪理论的波面较线性理论高出许多,但波峰下流体速度却不及后者,这主要是由于二阶波浪理论中非线性项的贡献导致的(Baldock et al.,1996)。

实际聚焦时刻,层析水波理论、线性波浪理论和二阶波浪理论的波面沿 x 轴的空间分布如图 4-11 所示。

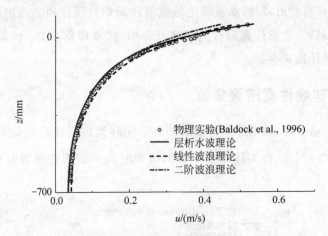

图 4-10　流体水平速度垂向分布(宽谱聚焦波，$A=55$mm)

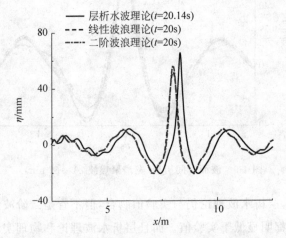

图 4-11　波面的空间分布(宽谱聚焦波，$A=55$mm)

图 4-11 中，层析水波理论的实际聚焦时间已经后移到了 20.14s，而两种波浪理论的聚焦时间仍为 20s。由于该聚焦波较强的非线性，层析水波理论的聚焦波峰明显高于后两种理论解，聚焦位置也明显后移。尽管层析水波理论波面也表现出关于聚焦波峰的对称性，但理论解的对称性更明显。

4.1.4　强非线性窄谱聚焦波

对于窄谱聚焦波，我们同样采取相同的参数设定规则，得到收敛结果的参数为：$dx=0.03$m，$dt=0.004$s，$nL=5$。在 t_f 的设定上，同样要采取保证与宽谱聚焦波算例一样的原则，即聚焦时间足够长，让最短规则波成分通过理论聚焦位置。那么,$t_f \geqslant 17.3s$,我们取 $t_f = 20s$ 也是合理的。

对弱非线性的窄谱聚焦波($A=22mm$)模拟所得到的结论与宽谱聚焦波模拟结果类似,也是层析水波理论和二阶 Stokes 波浪理论的结果优于线性波浪理论。为了更好地体现层析水波理论的优势,这里只给出强非线性窄谱聚焦波($A=55mm$)的模拟结果。

窄谱聚焦波相对于宽谱聚焦波,将有更多的规则波成分可以被认定为深水波,因此其表现应与宽谱聚焦波有所不同。从实际聚焦位置看,它的偏移现象更加明显,已经到了 9.06m,远大于宽谱聚焦波的 8.32m。在该位置的波面时间历程与物理实验对比如图 4-12 所示。

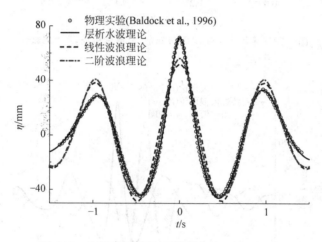

图 4-12 波面时间历程(窄谱聚焦波,$A=55mm$)

可以看到,窄谱聚焦波相对于宽谱聚焦波的波峰更高(前者为 71.6mm,后者为 65.8mm),波谷更深(前者为 $-46.0mm$,后者为 $-31.1mm$),因此其波高也更大,非线性更强。层析水波理论与 Baldock 等(1996)的物理实验结果几乎重合,而二阶波浪理论和线性理论已完全不能适用于窄谱聚焦波的模拟。

在对聚焦波峰下流体质点水平速度垂向分布的描述方面,窄谱聚焦波与宽谱聚焦波也有很大不同,如图 4-13 所示。

由于窄谱聚焦波非线性更强,线性理论和二阶波浪理论的流体速度相对实验值的偏离程度比宽谱情况时更加明显,而层析水波理论却仍能给出较好的结果。

窄谱聚焦波波面沿水平方向的空间分布如图 4-14 所示。

图 4-14 中,层析水波理论模拟的窄谱聚焦波的实际聚焦时间进一步后移为 20.56s。可以发现,前述的实际聚焦位置已经后移到了 9.06m,不但远远偏离了理论聚焦位置 $x_f=8.0m$,比宽谱聚焦波的后移位置 8.32m 偏离程度更大,该现象

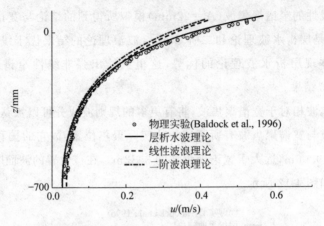

图 4-13　流体水平速度垂向分布(窄谱聚焦波,$A=55$mm)

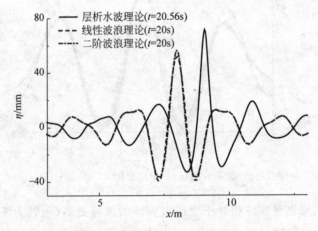

图 4-14　波面的空间分布(窄谱聚焦波,$A=55$mm)

与 Baldock 等(1996)通过实验观察到的现象完全吻合。

同时,从各组算例的流体速度垂向分布图中不难发现,其水平速度在海底 $h=-0.7$m 处均不等于零,这是由于该水深对于波群中部分规则波成分还未达到深水标准,即水深大于波长的 1/2。如果水深达到深水标准则聚焦波峰下水平速度垂向剖面应类似于指数函数而快速衰减。因此,我们详细分析了水深对聚焦波的影响(Zhao et al.,2020)。此外,我们还研究了聚焦波实际聚焦位置和聚焦时刻的后移程度,感兴趣的读者可以参考。

4.2 海洋观测畸形波的重现

畸形波是一种危害极大的强非线性波。本节将对一段畸形波时间序列进行分析,如图 4-15 所示。它的有义波高为 12m,最大波高与有义波高的比值为 2.133,最大峰高与最大波高的比值为 0.672,符合对畸形波的通常定义。我们将利用层析水波理论对其进行数值重现。

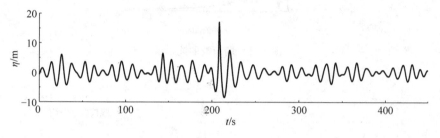

图 4-15　畸形波时间历程

首先采用离散傅里叶级数方法(俞聿修,2003)得到其波浪幅值、频率和相位信息:

$$C_i = \frac{2}{N}\sum_{n=1}^{N}\eta(t)\cos\omega_i t \qquad (4\text{-}1)$$

$$D_i = \frac{2}{N}\sum_{n=1}^{N}\eta(t)\sin\omega_i t \qquad (4\text{-}2)$$

式中,N 为时间历程的样本个数。第 i 个波浪成分的幅值 A_i 和初相位 ε_i 为

$$\begin{cases} A_i = \sqrt{C_i^2 + D_i^2} \\ \varepsilon_i = \arctan\left(-\dfrac{D_i}{C_i}\right) \end{cases} \qquad (4\text{-}3)$$

式中,$i=0,1,2,\cdots,M$,且 $\omega_i = i2\pi/(N\cdot\Delta t)$,其中 Δt 为采样时间间隔,$M=N/2$。

对畸形波时历进行离散傅里叶分析,得到的波幅谱如图 4-16 所示。对该波幅谱进行高频截断,保留的频率范围约为 $(0.039, 1.570)\,\text{rad/s}$,该范围已包含大部分波浪能量。

为了考察频率截断对畸形波时历的影响,采用波幅谱全部成分和上述截断成分,分别进行线性叠加得到波面时历,如图 4-17 所示。可以发现,采用全部波幅谱成分进行线性叠加的波面与畸形波时间历程完全吻合。而采用频率截断成分得到的波面时历,除了畸形波波峰稍低外,与观测波面也基本吻合。

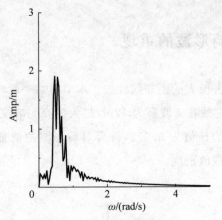

图 4-16 畸形波的波幅谱

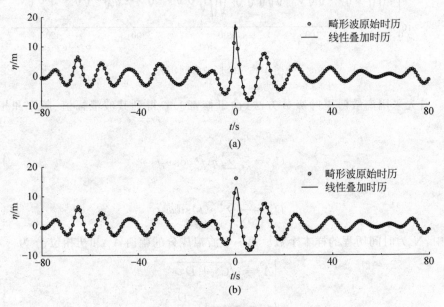

图 4-17 线性叠加波面时历
(a) 全部成分；(b) 截断成分

得到截断成分后，我们开始采用波浪聚焦的方式，基于层析水波理论对该畸形波进行数值重现。数值计算的主要控制参数如下：$dx=1.0\mathrm{m}, dt=0.01\mathrm{s}, nL=5$。设置的理论聚焦位置 $x_f=1904\mathrm{m}$，理论聚焦时间 $t_f=600\mathrm{s}$。得到畸形波波峰位置处浪高仪记录时间历程如图 4-18 所示。

图 4-18 中空心点为畸形波的时间历程，黑色实线为层析水波理论数值模拟结果。结果表明，层析水波理论在数值畸形波波峰位置的时间历程与畸形波原始时历基本吻合。

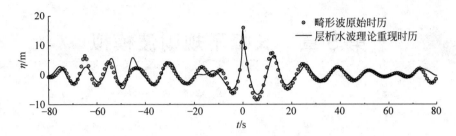

图 4-18 畸形波时历与层析水波理论数值模拟波面对比

第 5 章　长峰不规则波模拟

长峰不规则波通常指的是二维随机波,根据线性波浪理论可以将若干初相位随机的规则波成分叠加起来。然而,线性波浪理论的描述当然是不准确的。本章采用层析水波理论对长峰不规则波进行模拟,并给出长峰不规则波的短期统计分布。

本章在聚焦波程序基础上略微改动,以便让程序能够使用随机相位生成长峰不规则波。

5.1　长峰不规则波的时间历程

物理水池实验是检验波浪模型的重要方法之一,为了验证层析水波理论模拟长峰不规则波的效果,我们在哈尔滨工程大学综合试验水池做了一系列长峰不规则波物理实验。实验照片和布置简图如图 5-1 所示。

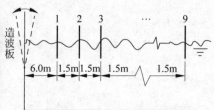

图 5-1　长峰不规则波水池实验照片和布置简图

该水池长 50m,宽 30m,深 10m。从距离造波板 6m 开始,每隔 1.5m 布置一个浪高仪。物理实验包含 4 级到 7 级海况,采用 JONSWAP 谱,谱峰升高因子为 3.3。本节选择其中一个实验工况进行模拟,如表 5-1 所示,以展示层析水波理论对长峰波的模拟能力。

表 5-1　长峰波物理实验工况

选取谱	实验有义波高/m	实验谱峰周期/s	测试时间/min
JONSWAP ($\gamma=3.3$)	0.076	1.55	10

经过收敛性分析,对该算例选用的计算参数如表 5-2 所示。

表 5-2 计算参数

计算区域尺寸/m		计算网格 dx/m	时间步长 dt/s	计算时长/s	模型级别 nL
长度	水深				
50.0	10.0	0.02	0.001	650	7

本章展示的数值模拟结果分为三类:浪高仪记录的波面时间历程、由浪高仪波面时历反演得到的波谱以及该工况下长峰波的短期统计分布。

我们首先采用离散傅里叶分析得到了 1 号浪高仪的波浪成分信息,用这些信息作为造波边界采用层析水波理论模拟该工况,得到部分浪高仪的波面时间历程如图 5-2 所示。

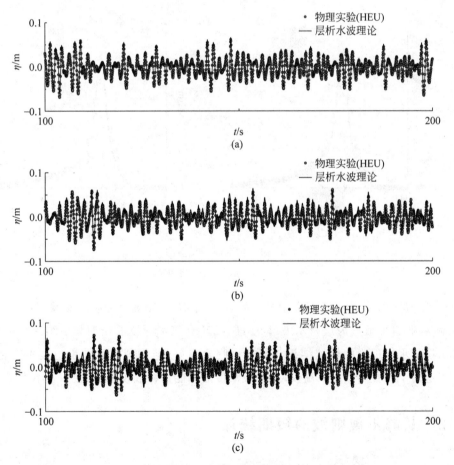

图 5-2 波面时间历程

(a) 1 号浪高仪,x=6.0m;(b) 5 号浪高仪,x=12.0m;(c) 9 号浪高仪,x=18.0m

图 5-2 中散点为物理实验(HEU)结果,实线为层析水波理论数值结果。可以看出数值结果与物理实验结果吻合良好。1 号浪高仪信息作为造波边界,其波面时历理应与物理实验值基本吻合。5 号和 9 号浪高仪波面时历与物理实验吻合程度也很好,而这两个浪高仪与 1 号浪高仪的距离已达到 1.5 倍和 3.0 倍谱峰波长。这说明即便经过一定距离的传播演化,层析水波理论仍能给出比较准确的模拟结果。

5.2 长峰不规则波的谱分析

为了考察模拟波浪的频域特征,本章采用自相关函数法(李积德,1992)对层析水波理论数值波面和物理实验波面进行了反演,并与目标谱进行了对比,结果如图 5-3 所示。

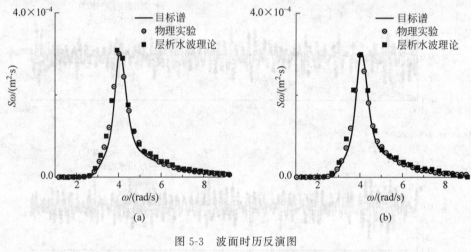

图 5-3 波面时历反演图
(a) $x=6.0\text{m}$;(b) $x=12.0\text{m}$

图 5-3 中实线为该工况下 JONSWAP 目标谱,圆形散点为物理实验(HEU)波面反演图,方形散点为层析水波理论 HLIGN 有限水深波浪模型数值结果。可以看出层析水波理论的模拟结果与目标谱吻合良好,与物理实验结果也基本吻合。对于这两个位置不同的浪高仪,由于波浪传播的能量耗散较小,谱型相差不大。

5.3 长峰不规则波的短期统计

对该工况进行多次随机数值模拟,并采用逐波分析法(俞聿修,2003)对其波面高程进行统计分析,则可以得到波高的短期统计分布,如图 5-4 所示。

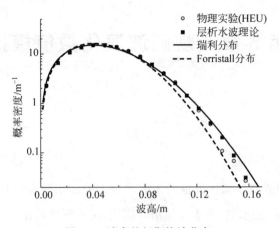

图 5-4 波高的短期统计分布

图 5-4 中纵轴为概率密度,表示某波高的发生概率除以样本间隔,这是波高的短期统计常用的表达方式。图中白色散点为物理实验(HEU)的波高统计结果,黑色散点为层析水波理论数值结果,黑色实线为基于线性波浪理论的瑞利分布,红色虚线为基于 Stokes 二阶波浪理论的 Forristall 分布。可以看出工程上常用的瑞利分布对波高的短期统计是高估的,这与很多研究(Forristall,1978)的发现一致。而层析水波理论给出的波高短期统计介于瑞利分布和 Forristall 分布之间,且与物理实验基本吻合。

图 5-5 展示了波峰的短期统计分布。波峰高度指的是波峰到静水面的高程。可以看出,瑞利分布对波峰的短期统计是低估的,而层析水波理论的模拟结果与物理实验基本吻合。

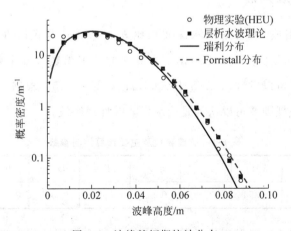

图 5-5 波峰的短期统计分布

第 6 章 规则波演化数值模拟

水深、波长和波高是描述波浪的主要参数。通常用波高波长比 $\varepsilon = H/\lambda$ 或波高水深比 $\varepsilon = H/h$（浅水波）来表征波浪非线性，用水深波长比 $\mu = h/\lambda$ 来表征波浪是否属于深水波。一般地，当 ε 远小于 1 时，可认为波浪非线性较弱；而当 μ 大于 0.5 时，可认为波浪属于深水波。

本章讨论规则波在平整地形和非平整地形上的传播问题。在平整地形上除了在不同水深对规则波进行模拟外，还可以考虑规则波前演化和风压兴波等一些新问题。在不平整地形上，如潜堤地形，分析规则波通过地形后的波面及各阶谐波也是考察规则波特性的重要方式。

本章对规则波数值模拟所用程序与基础版程序并无太大差别。

6.1 平整地形上规则波传播问题

6.1.1 浅水规则波

对浅水规则波，通常采用水深波长比 h/λ 来描述其色散性，用波高水深比 H/h 来描述其非线性。表 6-1 示出了本算例的波浪参数以及主要的计算控制参数。从表中数据可以发现，h/λ 等于 0.05，H/h 等于 0.5。根据竺艳蓉的《海洋工程波浪力学》，该规则波可以认为是浅水强非线性规则波。

表 6-1 波浪参数及主要计算控制参数

h/m	H/m	λ/m	T/s	h/λ	H/h	dx/m	dt/s	IGN 级别
0.02	0.01	0.391	0.8	0.05	0.5	0.005	0.0025	3

层析水波理论计算得到的结果分为四类：浅水规则波面空间分布、波峰及波谷下流体水平速度垂向分布、速度场分布云图和压强场分布云图。下面将依次对

结果进行介绍。

浅水规则波面沿水平空间分布如图 6-1 所示。本节采用非线性流函数波浪理论对层析水波理论计算结果进行验证。图中黑色实线为层析水波理论结果,红色虚线为流函数波浪理论数值结果。两种波浪理论计算的浅水波均表现出"尖峰坦谷"的非线性现象。层析水波理论计算结果与流函数结果吻合良好。

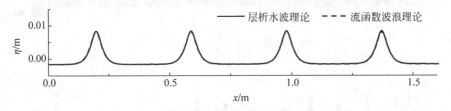

图 6-1 波面的空间分布

规则波峰及波谷下流体质点水平速度沿垂向的分布如图 6-2 所示,同样采用流函数波浪理论作为验证。结果表明,浅水波峰及波谷下流速随着水深变深而逐渐减小,但到达水底时,流速不等于零。

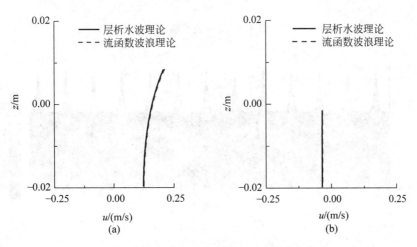

图 6-2 波峰及波谷下的流体水平速度垂向分布
(a) 波峰;(b) 波谷

图 6-3～图 6-5 展示了 $x=0$ 到 5m 范围内,波面以下水平速度分布云图、垂向速度分布云图和总压强分布云图。可以看出,由于水深较浅,即使到达水底,波浪对流体速度仍然有影响。而流体速度与压强场有关系,在水平方向上,压强场也表现出周期性变化的趋势。

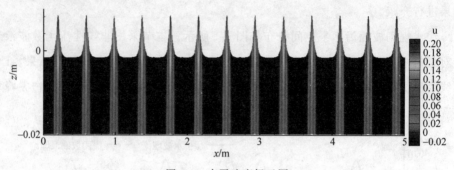

图 6-3 水平速度场云图

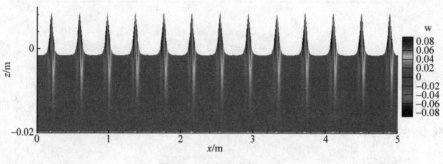

图 6-4 垂向速度场云图

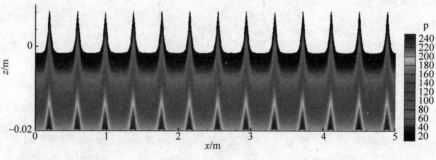

图 6-5 总压强场云图

6.1.2 有限水深规则波

上一节分析了浅水规则波的传播过程,本节保持波高和周期不变,将水深变大,来研究有限水深规则波的传播过程。本算例中 h/λ 等于 0.20。本节经过收敛性分析,结果表明 IGN-3 同样能得到收敛结果。本节模拟的波浪参数和主要计算控制参数如表 6-2 所示。

表 6-2　波浪参数及主要计算控制参数

h/m	H/m	λ/m	T/s	h/λ	H/h	dx/m	dt/s	IGN 级别
0.17	0.01	0.851	0.8	0.20	0.06	0.025	0.005	3

对于有限水深规则波,我们同样采用流函数波浪理论数值解作为对比。图 6-6 及图 6-7 展示出了波面的空间分布和波峰及波谷下的流体水平速度垂向分布。与浅水规则波相比,有限水深规则波的波形更是呈现正弦波的特征。在速度场方面,波峰和波谷在水底的水平速度仍然不为零。层析水波理论的结果也与流函数波浪理论完全吻合。

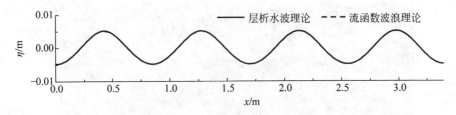

图 6-6　波面的空间分布

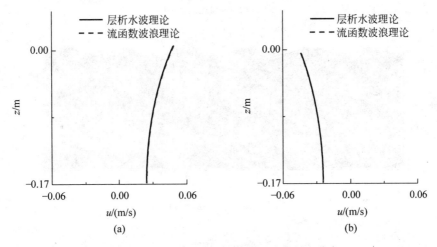

图 6-7　波峰及波谷下的流体水平速度垂向分布

(a) 波峰；(b) 波谷

图 6-8～图 6-10 示出了波面以下流体速度场云图和总压强场云图。

从图中可以发现,流体速度仍相对波峰呈现对称性。与浅水规则波不同的是,流体速度对水底的影响有所衰减。尽管压强场在水平方向也随着波浪起伏呈现周期性变化,但压强沿竖直方向的变化更明显。

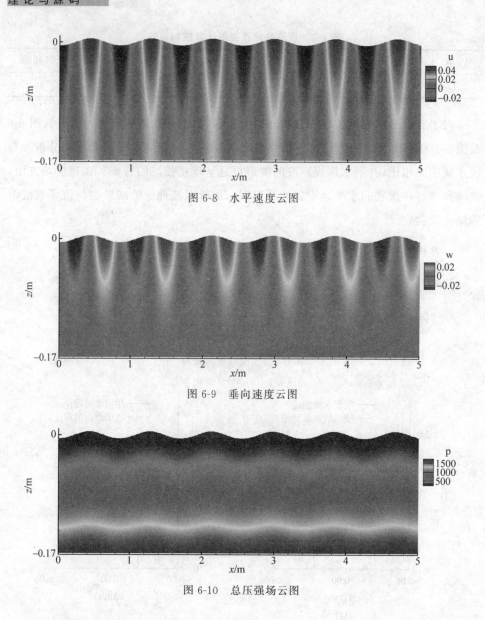

图 6-8 水平速度云图

图 6-9 垂向速度云图

图 6-10 总压强场云图

6.1.3 深水规则波

本节同样在保持波高和周期不变的情况下,进一步增加水深,来讨论深水规则波的传播过程。一般来说,h/λ 等于 0.5 即可被认为是深水波(Newman,1977)。本算例考虑水深更大的情况,即 h/λ 等于 1.0。对于深水波,一般采用 H/λ 来表征波浪的非线性,本算例中该值等于 0.01。由于水深增加,需采用 IGN-5 才能得到比较收敛的结果,计算的波浪参数和主要控制参数如表 6-3 所示。

表 6-3　波浪参数及主要计算控制参数

h/m	H/m	λ/m	T/s	h/λ	H/λ	dx/m	dt/s	IGN 级别
1.00	0.01	1.00	0.8	1.00	0.01	0.025	0.005	5

如图 6-11、图 6-12 所示为波面沿水平方向空间分布和波峰及波谷下的流体水平速度垂向分布。

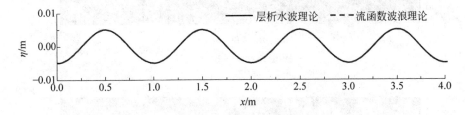

图 6-11　波面的空间分布

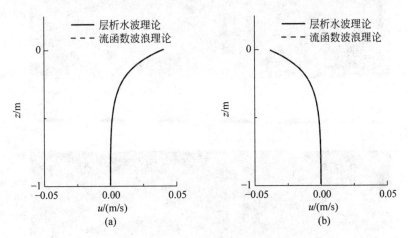

图 6-12　波峰及波谷下的流体水平速度垂向分布
(a) 波峰；(b) 波谷

从波面的空间分布图中可以再次看出，层析水波理论数值结果与流函数理论数值解吻合很好，其波形也同样符合正弦函数。波峰及波谷下的流体水平速度在垂直方向上呈指数形式快速衰减，并在水底衰减到零。

深水规则波的波面以下速度分布云图和压强分布云图如图 6-13～图 6-15 所示，其特征也与前两节有所不同。

深水规则波的速度场仅在波面附近呈现周期性变化，而对水底影响极小，水底的流体速度基本为零。该特征也反映在总压强分布上，流体总压在波面附近还呈现水平方向上的周期性，但在水底附近总压沿水平方向几乎是均匀的。这说明，对于深水规则波而言,水底的压强主要来自随水深增加的静压强。

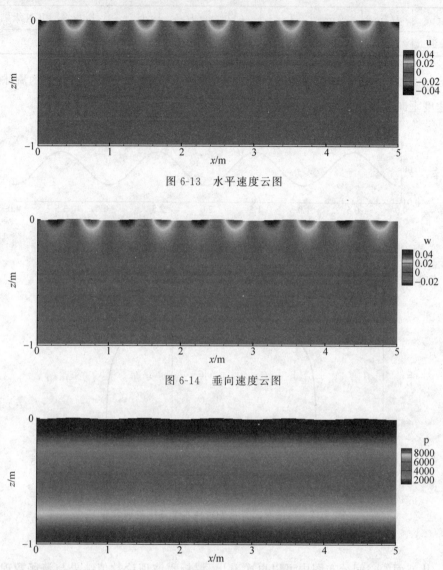

图 6-13　水平速度云图

图 6-14　垂向速度云图

图 6-15　总压强云图

6.1.4　波前问题

目前对于规则波的研究一般都关注周期性变化的区域,然而人们发现规则波的波前对于揭示瞬态波特征以及理解数值造波机理都有重要作用。当水面从静止开始兴起波浪时,在波前区域,最前方的波浪波长会发生演化,波幅越来越小,波长越来越长。本节利用层析水波模型分析规则波线性波前和非线性波前问题,并与线性解析解对比(Chen et al.,2018)。

1. 线性波前问题

在采用层析水波理论分析线性波前问题时,将方程中的所有非线性项略去,仅考虑线性项的贡献,得到线性化的层析水波理论 HLIGN 有限水深模型方程:

$$\eta_{,t} + \sum_{m=1}^{K} \psi_{m,x} = 0 \tag{6-1}$$

$$\sum_{n=1}^{K}(-h\psi_{n,xx,t}A_{mn} + \psi_{n,t}C_{mn}/h) + g\eta_{,x} = 0, \quad m=1,2,\cdots,K \tag{6-2}$$

经过收敛性分析,本节模拟的波浪参数和主要计算控制参数见表 6-4。

表 6-4 波浪参数及主要计算控制参数

h/m	A/m	λ/m	T/s	H/λ	dx/m	dt/s	IGN 级别
5.000	0.021	4.189	1.638	0.01	0.040	0.006	7

计算结果主要分为两类:波面沿水平方向分布和波前分量沿着水平方向分布。为了便于对结果进行分析,我们对结果进行了无因次化处理,并与 Chen 等(2018)的研究进行了对比。

图 6-16 所示为 $t=15T$ 时刻的波面沿水平方向分布。图中散点所表示的线性解析解为 Chen 等(2018)根据线性波浪理论推导的,实线为线性化的层析水波理论的数值结果。可以看出线性化的层析水波理论模拟结果与线性解析解基本吻合。

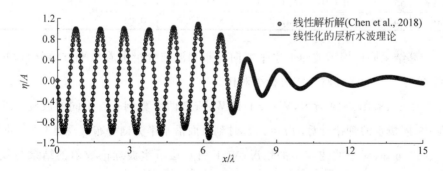

图 6-16 $t=15T$ 时刻的波面沿水平方向分布

图 6-17 所示为 $t=15T$ 时刻的波前分量沿着水平方向分布。根据 Chen 等(2018)的研究,可以给出波前点的位置详细信息,在 $t=15T$ 时刻,波前点在 $x/\lambda=7.5$ 处。在 $x/\lambda<7.5$ 的区域,波前成分为瞬时波面与稳态成分的差(Chen et al.,

2018),即图中对称点的左半边;当 $x/\lambda > 7.5$ 时,波前成分与瞬态波面重合,即图中右半边。可以看到,波前分量关于波前点对称。线性化的层析水波理论与线性解析解同样吻合。说明使用线性化的层析水波理论对波前的分析是准确有效的。

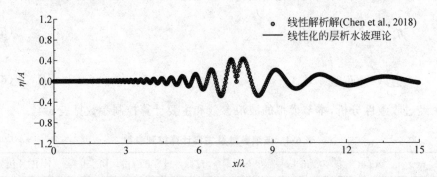

图 6-17 $t=15T$ 时刻的波前分量沿着水平方向分布

2. 非线性波前问题

Chen 等(2018)的研究内容仅限于线性波的波前问题。本节采用层析水波理论模拟了两种不同波陡的规则波,探究非线性对波前的影响。相关波浪参数和主要计算控制参数见表 6-5。

表 6-5 波浪参数及主要计算控制参数

名称	h/m	A/m	λ/m	T/s	H/λ	dx/m	dt/s	IGN 级别
WaFr-1	5.000	0.021	4.189	1.638	0.01	0.040	0.006	7
WaFr-2	5.000	0.105	4.189	1.638	0.05	0.040	0.006	7

计算结果同样展示波面沿水平方向分布和波前分量沿着水平方向分布,并与 Chen 等(2018)的线性解析解进行了对比。

如图 6-18、图 6-19 所示,WaFr-1 和 WaFr-2 两个算例有着不同的波陡。两个算例中,层析水波理论计算的 $t=15T$ 时刻波面沿水平方向分布表现也有所不同。

由图可知,对于波陡较小的情况(WaFr-1),层析水波理论数值的结果与线性解析解吻合良好。而对于波陡较大的情况(WaFr-2),层析水波理论数值结果就与线性解析解有一定差别了。可以看到,在周期性变化的区域(图中约为 $0 \leqslant x/\lambda \leqslant 4.5$),层析水波理论的结果出现"尖峰坦谷"的非线性现象。而随着传播距离越来越远,会出现远大于设定幅值的波面高程,同时相速度也表现出明显的差异。但在波前点右边(图中约为 $x/\lambda \geqslant 7.5$),层析水波理论数值结果又与线性解析解吻合。

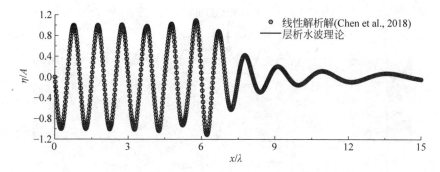

图 6-18　$t=15T$ 时刻的波面沿水平方向分布，WaFr-1（$H/\lambda=0.01$）

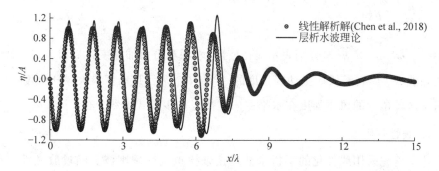

图 6-19　$t=15T$ 时刻的波面沿水平方向分布，WaFr-2（$H/\lambda=0.05$）

这说明可以采用层析水波理论来模拟波前问题。当波陡增大时，非线性对波浪的影响越来越大，层析水波理论能考虑非线性影响，而线性解析解显然不能。

6.1.5　风压兴波问题

自由面风压扰动是海洋中风浪形成的主要形式之一。本节采用层析水波模型来模拟风压兴波问题，下面以规则波数值模拟为例进行说明。

为了模拟风压兴波，首先在自由面建立一段风压扰动区，如图 6-20 所示。

在风压扰动区内，风压强度随空间变化形式假设为多项式变化。根据线性波浪理论，首先推导相应的传递函数，建立目标波幅与风压区最大风压强度和风压区长度的关系（徐杨等，2020）。

最大风压强度表达式：

$$P_A = A\frac{\rho g K^3 L^3}{12} \frac{1-[1-\coth^2(Kh)]vh}{2-KL\sin(KL)-2\cos(KL)} \tag{6-3}$$

风压区压力分布方式：

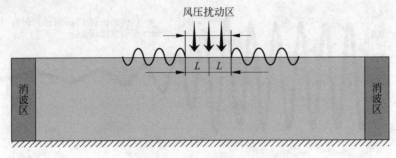

图 6-20 风压扰动区

$$p(x) = \begin{cases} P_A[1 - 3(x/L)^2 + 2|x/L|^3], & |x| \leq L \\ 0, & |x| > L \end{cases} \quad (6-4)$$

式中,$v = \omega^2/g$;ρ、h、g 分别表示流体密度、水深和重力加速度;A 和 K 表示目标波幅和波数;L 表示风压扰动区长度的一半;P_A 表示风压区最大风压强度;p 表示风压区各位置的风压强度在水平方向上按三次多项式函数分布。

1. 线性规则波

这里首先采用线性化的层析水波理论来模拟线性规则波。经过收敛性分析,本节模拟的波浪参数和主要计算控制参数见表 6-6。

表 6-6 波浪参数及主要计算控制参数

h/m	风区长度 L/m	A/m	λ/m	T/s	H/λ	dx/m	dt/s	IGN 级别
1.000	2.000	0.010	1.710	1.050	0.010	0.020	0.005	5

计算结果主要分为两类:波面沿水平方向分布和流体质点水平速度沿垂向分布。

如图 6-21、图 6-22 所示为 $t = 30$s 时刻的波面沿水平方向分布以及一个波峰下流体质点水平速度沿着垂直方向的分布情况。图中虚线表示线性波浪理论结果,实线为线性化的层析水波理论的数值结果。可以看出线性化的层析水波理论模拟结果与线性解析解完全吻合,说明使用线性化的层析水波理论来考虑垂直风压兴波问题是合理的。

风压区公式是在线性自由面条件下得出的,因此在理论上,线性化的层析水波理论的数值模拟结果应该与线性波浪理论一致。

2. 非线性规则波

上文提到用线性化的层析水波理论也可以分析风压兴波问题。但如果增加波

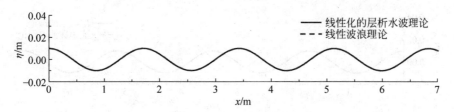

图 6-21　波面沿水平方向分布

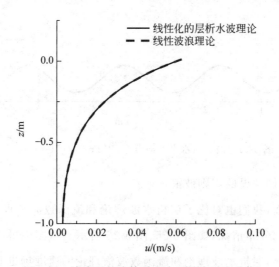

图 6-22　波峰下的流体质点水平速度垂向分布

陡,非线性影响增强,线性化的层析水波理论就无法反映该影响了。因此,本节直接使用层析水波理论考虑非线性对风压兴波问题的影响。为了验证数值模拟结果,我们选择非线性流函数波浪理论作为对比。考虑了两种不同非线性的算例,相关波浪参数和主要计算控制参数见表 6-7。

表 6-7　波浪参数及主要计算控制参数

名称	h/m	风区长度 L/m	A/m	λ/m	T/s	H/λ	dx/m	dt/s	IGN 级别
WiFo-1	1.000	2.000	0.010	1.712	1.047	0.010	0.020	0.005	5
WiFo-2	1.000	2.000	0.025	1.723	1.047	0.030	0.020	0.005	5

图 6-23 和图 6-24 示出了这两个算例波面沿水平方向的分布情况。

从图中可以发现,对于算例 WiFo-1,由于非线性较弱,层析水波理论数值波面与流函数波浪理论波面吻合良好。对于算例 WiFo-2,尽管非线性影响增加了,但仍能与流函数波浪理论波面吻合。这说明采用垂向风压的方式来兴波的方法是可

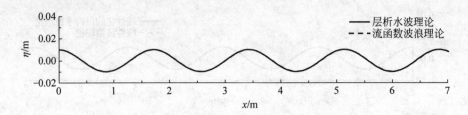

图 6-23　波面沿水平方向分布，WiFo-1（$H/\lambda=0.01$）

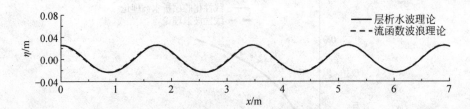

图 6-24　波面沿水平方向分布，WiFo-2（$H/\lambda=0.03$）

行的，可以生成我们预设的规则波浪。

在速度场方面，我们也对比了层析水波理论和流函数波浪理论得到的波峰下流体水平速度垂向分布情况，如图 6-25、图 6-26 所示。从图中可以看出，即便对于非线性较强的情况，层析水波理论和流函数波浪理论的速度场也基本吻合，进一步说明了自由面风压扰动方法造波是有效的。

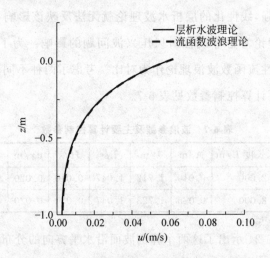

图 6-25　波峰下的流体水平速度垂向分布，WiFo-1（$H/\lambda=0.01$）

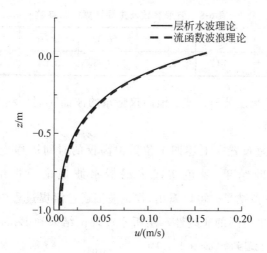

图 6-26　波峰下的流体水平速度垂向分布，WiFo-2（$H/\lambda=0.03$）

6.2　非平整地形上规则波的传播变形问题

除了上文模拟的物理问题，规则波浪在非平整地形上的传播变形也用来研究波浪色散性和非线性的典型问题。Luth 等（1994）对该问题进行过物理实验研究，实验布置如图 6-27 所示。

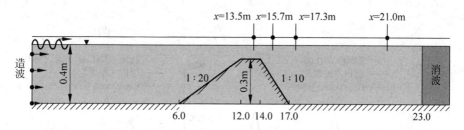

图 6-27　Luth 等（1994）的实验布置图

图 6-27 中描述的是规则波越过水下潜堤发生的波浪变形现象。该潜堤的前坡面和后坡面的陡度分别为 1∶20 和 1∶10。该水槽长 23m，在平底部分水深为 0.4m，而在潜堤最顶端，水深则减小到 0.1m。在以下一些位置设置有浪高仪，$x=$13.5m，15.7m，17.3m，21.0m。

我们采用层析水波模型模拟该问题，并将收敛结果与物理实验结果（Luth et al.，1994）和高阶 Boussinesq 方程的数值结果（Gobbi，Kirby，1999）对比。层析水波理论模拟规则波通过潜堤问题的波浪参数和主要计算控制参数如表 6-8 所示。

表 6-8　波浪参数及主要计算控制参数

h/m	H/m	λ/m	T/s	H/λ	dx/m	dt/s	IGN 级别
0.4	0.02	3.741	2.02	0.005	0.04	0.01	3

本节展示的结果主要有两类：浪高仪记录的波面时间历程和根据计算波面得到的各阶谐波幅值。

图 6-28 所示为布置在上述四个位置浪高仪的时间历程。图中，○为 Luth 等(1994)的物理实验结果，黑色实线为层析水波理论模拟结果，红色虚线为 Boussinesq 方程模拟结果。可以看出，规则波浪通过潜堤过程中变得不再规则，波形明显变陡，表现出更强的非线性。层析水波理论结果和 Boussinesq 方程都能与

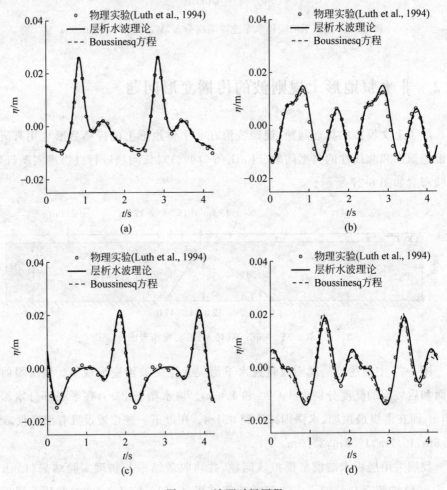

图 6-28　波面时间历程

(a) $x=13.5\mathrm{m}$；(b) $x=15.7\mathrm{m}$；(c) $x=17.3\mathrm{m}$；(d) $x=21.0\mathrm{m}$

物理实验基本吻合。在波浪通过潜堤以后,即 $x=21.0$m 位置,层析水波理论结果与物理实验的吻合程度比 Boussinesq 方程稍好一些。

对计算得到的波面采用傅里叶分析得到前四阶谐波的幅值,如图 6-29 所示。计算结果同样与物理实验和 Boussinesq 方程(Gobbi,Kirby,1999)进行比较。观察发现,各阶谐波的幅值在通过潜堤前后都发生较大变化。潜堤使得 1 阶谐波幅值大幅降低,2 阶和 3 阶谐波幅值大幅上升,4 阶谐波幅值则略有升高。

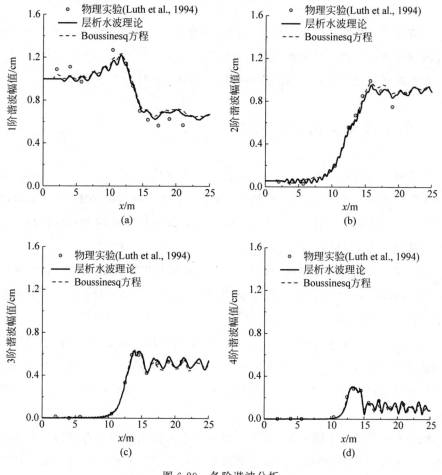

图 6-29 各阶谐波分析

此外,层析水波模型得到的各阶谐波幅值都与实验值吻合很好。Boussinesq 方程能较好地给出 1 阶、2 阶和 3 阶谐波幅值的计算结果,而对于 4 阶谐波幅值的计算,层析水波模型的计算结果更接近于实验值。

第 7 章 孤立波变化数值模拟

孤立波是一种在近岸工程中常见的波浪现象。本章主要对单个孤立波、两个孤立波碰撞和孤立波与地形作用进行数值模拟研究。

本章对孤立波进行数值模拟所用程序与基础版程序没有本质差别。

7.1 单个孤立波的数值模拟

本节采用层析水波理论,通过直接读取稳态初值(Duan et al.,2018b)的方式对单个孤立波进行数值模拟,并将结果与 Dutykh 和 Clamond(2014)通过精确求解欧拉方程得到的解进行比较,后者的 MATLAB 计算程序在网上可以获得。模拟的孤立波波幅为 $H/h=0.6$。

为了保证数值计算的精度,我们进行了一系列参数的收敛性分析,包括网格尺度 dx、时间步长 dt、层析水波理论级别 nL 等。层析水波理论计算的主要控制参数如下:$dx=0.05m$,$dt=0.01s$,$nL=4$。

本节展示的结果主要分为两类:稳定传播时刻的波面空间分布,稳定传播时刻的波峰以下流体质点水平速度的垂向分布。为了便于与 Dutykh 和 Clamond (2014)的结果进行比较,我们的模拟结果都经过了无因次化处理。首先给出稳定传播时刻的波面空间分布,如图 7-1 所示。

图 7-1 中展示了不同时刻,孤立波面沿水平方向的空间分布情况。为了方便与欧拉解比较分析,这些结果的孤立波波峰坐标都移到坐标轴原点位置。图中空心点为 Dutykh 和 Clamond(2014)通过精确求解欧拉方程得到的结果,黑色实线、虚线、点线和点划线分别为层析水波理论模拟传播过程中 0s、50s、100s 和 150s 的波面空间分布结果。从结果上看,层析水波理论模拟的孤立波一直稳定传播,不同时刻波面空间分布保持一致。层析水波理论波面空间分布与 Dutykh 和 Clamond (2014)通过精确求解欧拉方程得到的结果十分吻合。

图 7-2 示出了稳定传播时刻的波峰下流体质点水平速度的垂向分布。

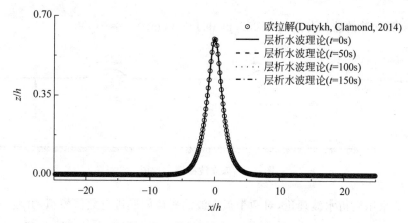

图 7-1 不同时刻波面空间分布

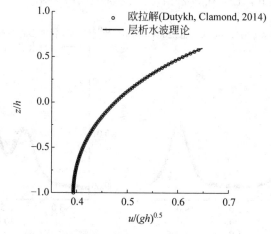

图 7-2 波峰下流体质点水平速度的垂向分布

图 7-2 中。同样为 Dutykh 和 Clamond(2014)通过精确求解欧拉方程得到的结果,黑色实线表示层析水波理论数值结果。从结果上看,尽管孤立波波幅已经达到了 $H/h=0.6$,但是层析水波理论模拟得到的速度场结果仍与 Dutykh 和 Clamond(2014)通过精确求解欧拉方程得到的结果十分吻合。

7.2 孤立波碰撞

孤立波碰撞是一个典型的波浪相互作用,大量研究证明两个孤立波迎面碰撞时,最大波幅大于两个孤立波波幅之和。

Hammack 等(2004)在实验室物理水槽中进行了一系列孤立波碰撞实验,展示了不同时刻的孤立波碰撞的波面空间分布。实验中,先后造出两个孤立波,第一个孤立波传播到直墙反射回来与第二个孤立波产生碰撞,如图 7-3 所示。碰撞发生前,两个孤立波的波幅分别是 1.052cm 和 1.220cm。

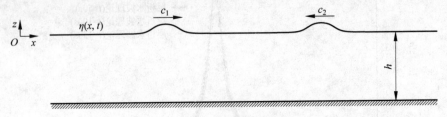

图 7-3 孤立波碰撞示意图

本节采用层析水波理论,对两个孤立波的碰撞问题进行数值模拟,并将不同时刻的波面空间分布与 Hammack 等(2004)的实验值进行比较,如图 7-4 所示。收敛结果的参数设定如下:$dx=0.0025\text{m}, dt=0.0001\text{s}, nL=3$。

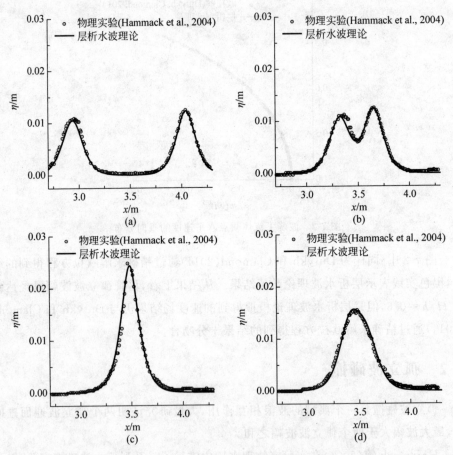

图 7-4 孤立波碰撞与 Hammack 等(2004)波面空间分布对比

(a) $t=1.8678\text{s}$; (b) $t=2.3686\text{s}$; (c) $t=2.599\text{s}$; (d) $t=2.7188\text{s}$; (e) $t=3.5667\text{s}$

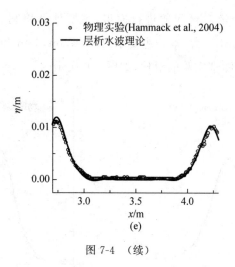

图 7-4 （续）

图 7-4 中。表示 Hammack 等(2004)的研究结果，黑色实线表示层析水波理论的计算结果。从图中可以看出，两个孤立波相遇碰撞，在 $t=2.599s$ 处达到波幅最大值，波幅最大值明显大于两个孤立波波幅之和。碰撞过程时间很短，在碰撞完成后，两个孤立波分开，沿着原方向继续传播。层析水波理论结果和实验值基本吻合，很好地模拟了两个孤立波的碰撞过程。

7.3 孤立波与地形作用

孤立波与地形作用是一个典型的非线性算例。计算域左侧布置一个孤立波向右传播，研究该孤立波在非平整地形上的传播变形问题。

Goring(1979)进行了相关实验，计算域设置如图 7-5 所示。实验模拟孤立波浅化过程，海底由深到浅呈缓坡形式变化。水池长 63m，坡下水深 0.3108m，坡上水深 0.1554m。坡长 3m，高 0.1554m，陡度为 1∶19.3。孤立波从深水向浅水传播，波幅 0.031m，波峰距离起点 11m。

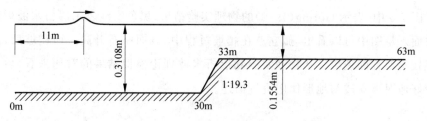

图 7-5 孤立波与地形作用计算域示意图

采用层析水波理论对该问题进行模拟,主要计算控制参数设定如下:$dx=0.02m,dt=0.0025s,nL=3$。本节主要示出 $x=30m,33m$ 和 $36.56m$ 处浪幅仪记录的波面时间历程与物理实验的对比,如图 7-6 所示。

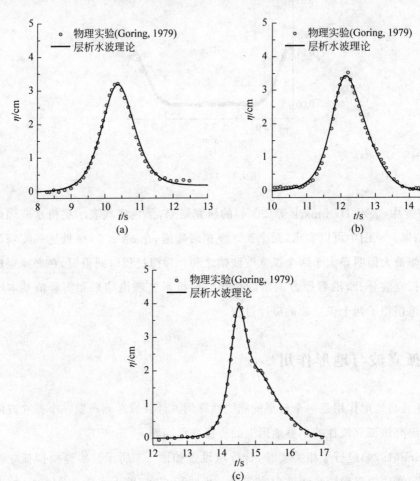

图 7-6　孤立波与地形作用模拟结果与实验对比

(a) $x=30m$；(b) $x=33m$；(c) $x=36.56m$

图 7-6 中。表示 Goring(1979)的物理实验结果,黑色实线表示层析水波理论计算波面。从图中可以看出,孤立波在爬坡过程中,波面略有升高。而爬坡后,波面出现较不对称的现象。从物理实验和层析水波理论模拟结果的对比来看,后者可以较好地对孤立波与地形作用进行描述。

第8章 三维层析水波理论 HLIGN 有限水深模型

本章主要介绍三维层析水波理论 HLIGN 有限水深模型,它由前面介绍的二维层析水波理论 HLIGN 有限水深模型程序发展而来,程序基本结构一致。但从二维到三维的差别和难度是显而易见的。

8.1 三维层析水波理论 HLIGN 有限水深模型的方程

本节介绍三维情况下的三维层析水波理论 HLIGN 有限水深模型方程。其中 Ox、Oy 是水平坐标,Oz 是垂向坐标,坐标原点在静水面上。认为海底是空间变化的,表达式为 $z=-h(x,y)$,自由面的表达式为 $z=\eta(x,y,t)$,如图 8-1 所示。

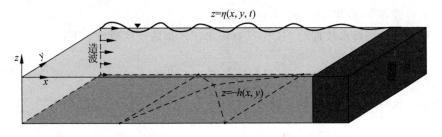

图 8-1 三维波浪问题

三维无粘不可压缩海浪的控制方程和边界条件如下,式中速度场表示为 (u,v,w),压强为 p。

质量守恒方程:

$$\frac{\partial u}{\partial x}+\frac{\partial v}{\partial y}+\frac{\partial w}{\partial z}=0 \tag{8-1}$$

动量守恒方程：

$$\begin{cases} \dfrac{\partial u}{\partial t} + u\dfrac{\partial u}{\partial x} + v\dfrac{\partial u}{\partial y} + w\dfrac{\partial u}{\partial z} = -\dfrac{1}{\rho}\dfrac{\partial p}{\partial x} \\ \dfrac{\partial v}{\partial t} + u\dfrac{\partial v}{\partial x} + v\dfrac{\partial v}{\partial y} + w\dfrac{\partial v}{\partial z} = -\dfrac{1}{\rho}\dfrac{\partial p}{\partial y} \\ \dfrac{\partial w}{\partial t} + u\dfrac{\partial w}{\partial x} + v\dfrac{\partial w}{\partial y} + w\dfrac{\partial w}{\partial z} = -\dfrac{1}{\rho}\left(\dfrac{\partial p}{\partial z} + \rho g\right) \end{cases} \quad (8\text{-}2)$$

非线性自由面运动学边界条件、动力学边界条件和底部条件为

$$w - \dfrac{\partial \eta}{\partial t} - u\dfrac{\partial \eta}{\partial x} - v\dfrac{\partial \eta}{\partial y} = 0, \quad p = 0 \quad (z = \eta(x,y,t)) \quad (8\text{-}3)$$

$$w + u\dfrac{\partial h}{\partial x} + v\dfrac{\partial h}{\partial y} = 0 \quad (z = -h(x,y)) \quad (8\text{-}4)$$

三维层析水波理论 HLIGN 有限水深模型中，引入流函数矢量 $\boldsymbol{\Psi}(x,y,z,t)$。速度场 (u,v,w) 与流函数矢量 $\boldsymbol{\Psi}(x,y,z,t) = (\psi^u, \psi^v)$ 之间的关系如下：

$$(u,v) = \dfrac{\partial \boldsymbol{\Psi}}{\partial z} \quad (8\text{-}5)$$

$$w = -\nabla \cdot \boldsymbol{\Psi} \quad (8\text{-}6)$$

其中，$\nabla = \dfrac{\partial}{\partial x}\boldsymbol{i} + \dfrac{\partial}{\partial y}\boldsymbol{j}$。

根据自由面动力学条件，自由面的压力为零，$\hat{p}(x,y,t) = 0$。令流函数矢量在海底上的值为零，即 $\boldsymbol{\Psi}(x,y,-h,t) = \boldsymbol{0}$。

关于三维层析水波理论 HLIGN 有限水深模型的速度假设如下：

$$\boldsymbol{\Psi}(x,y,z,t) = \sum_{m=1}^{K} \boldsymbol{\phi}_m(x,y,t) f_m(\gamma) \quad (8\text{-}7)$$

其中，$\boldsymbol{\phi}_m$ 被称为流函数系数矢量，$\gamma = (z+h)/(\eta+h)$，并且 $f_m(\gamma) = \gamma^{2m-1}$。

$$(u,v) = \dfrac{1}{\theta}\boldsymbol{\phi}_m f'_m \quad (8\text{-}8)$$

$$w = -\left[f_m \nabla \cdot \boldsymbol{\phi}_m + \dfrac{1}{\theta}\boldsymbol{\phi}_m \cdot f'_m(\nabla h - \gamma \nabla \theta)\right] \quad (8\text{-}9)$$

其中，$\theta = \eta + h$。

采用上述速度假设并根据 Hamilton 原理，三维层析水波理论 HLIGN 有限水深模型的求解方程如下（Kim et al., 2001；赵彬彬等，2019）：

$$\dfrac{\partial \eta}{\partial t} + \sum_{m=1}^{K} f_m(1)\nabla \cdot \boldsymbol{\phi}_m = 0 \quad (8\text{-}10)$$

$$\dfrac{\partial \hat{\varphi}}{\partial t} = -\nabla \cdot \dfrac{\partial T}{\partial(\nabla \eta)} + \dfrac{\partial T}{\partial \eta} - g\eta \quad (8\text{-}11)$$

$$f_m(1)\cdot\nabla\hat{\varphi} = -\nabla\frac{\partial T}{\partial(\nabla\cdot\boldsymbol{\psi}_m)} + \frac{\partial T}{\partial\boldsymbol{\psi}_m}, \quad m=1,2,\cdots,K \tag{8-12}$$

上式给出了波面 $\eta(x,y,t)$、流函数和自由面速度势 $\hat{\varphi}(x,y,t)$ 三者之间的关系。其中，T 为动能，表达式如下：

$$\begin{aligned}T &= \frac{1}{2}\int_{-h}^{\eta}(u^2+v^2+w^2)\mathrm{d}z \\ &= \frac{1}{2}\sum_{m=1}^{K}\sum_{n=1}^{K}\{\theta A_{mn}(\nabla\cdot\boldsymbol{\psi}_m)(\nabla\cdot\boldsymbol{\psi}_n) + 2B_{mn}(\nabla\cdot\boldsymbol{\psi}_m)(\boldsymbol{\psi}_n\cdot\nabla h) + \\ &\quad \frac{1}{\theta}C_{mn}[(\boldsymbol{\psi}_m\cdot\nabla h)(\boldsymbol{\psi}_n\cdot\nabla h)+\boldsymbol{\psi}_m\cdot\boldsymbol{\psi}_n] - \\ &\quad 2B_{mn}^1(\nabla\cdot\boldsymbol{\psi}_m)(\boldsymbol{\psi}_n\cdot\nabla\theta) - \frac{2}{\theta}C_{mn}^1(\boldsymbol{\psi}_m\cdot\nabla h)(\boldsymbol{\psi}_n\cdot\nabla\theta) + \\ &\quad \frac{1}{\theta}C_{mn}^2(\boldsymbol{\psi}_m\cdot\nabla\theta)(\boldsymbol{\psi}_n\cdot\nabla\theta)\}\end{aligned} \tag{8-13}$$

其中，

$$A_{mn} = \int_0^1 f_m(\gamma)f_n(\gamma)\mathrm{d}\gamma, \quad B_{mn}^1 = \int_0^1 \gamma f_m(\gamma)f_n'(\gamma)\mathrm{d}\gamma \tag{8-14}$$

$$B_{mn} = \int_0^1 f_m(\gamma)f_n'(\gamma)\mathrm{d}\gamma, \quad C_{mn}^1 = \int_0^1 \gamma f_m'(\gamma)f_n'(\gamma)\mathrm{d}\gamma \tag{8-15}$$

$$C_{mn} = \int_0^1 f_m'(\gamma)f_n'(\gamma)\mathrm{d}\gamma, \quad C_{mn}^2 = \int_0^1 \gamma^2 f_m'(\gamma)f_n'(\gamma)\mathrm{d}\gamma \tag{8-16}$$

将 $\gamma=1$ 代入 $f_m(\gamma)$ 中，同样有 $f_m(1)=1$。为了消除自由面的速度势 $\hat{\varphi}(x,y,t)$，将式(8-11)和式(8-12)分别对空间和时间求偏导，得到

$$\frac{\partial}{\partial t}\left(-\nabla\frac{\partial T}{\partial(\nabla\cdot\boldsymbol{\psi}_m)}+\frac{\partial T}{\partial\boldsymbol{\psi}_m}\right) - \nabla\left(-\nabla\cdot\frac{\partial T}{\partial(\nabla\eta)}+\frac{\partial T}{\partial\eta}-g\eta\right) = \mathbf{0} \tag{8-17}$$

把动能 T 代入上式，并通过对该方程的离散求解即可求得流函数系数矢量的时间导数，进而通过式(8-10)求解得到波面的时间导数。最终得以求解三维层析水波理论 HLIGN 有限水深模型方程。

8.2 数值算法

关于三维层析水波理论的数值算法，赵彬彬等(2015a,2019)中已有详细描述，这里仅简单介绍。

根据上一节介绍的三维层析水波理论 HLIGN 有限水深模型，式(8-17)在 x 和 y 两个方向可以分别写成：

$$\widetilde{\boldsymbol{A}}^u \dot{\boldsymbol{\psi}}^u_{n,xx} + \widetilde{\boldsymbol{B}}^u \dot{\boldsymbol{\psi}}^u_{n,x} + \widetilde{\boldsymbol{C}}^u \dot{\boldsymbol{\psi}}^u_n = \boldsymbol{f}^u \tag{8-18}$$

$$\widetilde{\boldsymbol{A}}^v \dot{\boldsymbol{\psi}}^v_{n,yy} + \widetilde{\boldsymbol{B}}^v \dot{\boldsymbol{\psi}}^v_{n,y} + \widetilde{\boldsymbol{C}}^v \dot{\boldsymbol{\psi}}^v_n = \boldsymbol{f}^v \tag{8-19}$$

上式中，分别用变量的上角标 u 和 v，来区分式(8-17)的 x 和 y 两个方向的方程，$\boldsymbol{\psi}^u_n = [\psi^u_1, \psi^u_2, \psi^u_3, \cdots, \psi^u_K]^T$，$\boldsymbol{\psi}^v_n = [\psi^v_1, \psi^v_2, \psi^v_3, \cdots, \psi^v_K]^T$。与二维问题的算法一样，上面的点表示对流函数系数求一阶时间导数，下角标的逗号表示对逗号后面的空间变量求偏导数。$\widetilde{\boldsymbol{A}}^u, \widetilde{\boldsymbol{B}}^u, \widetilde{\boldsymbol{C}}^u, \widetilde{\boldsymbol{A}}^v, \widetilde{\boldsymbol{B}}^v$ 和 $\widetilde{\boldsymbol{C}}^v$ 是 $K \times K$ 的矩阵，它们是关于 h, η 以及它们空间导数的函数；$\boldsymbol{f}^u$ 和 $\boldsymbol{f}^v$ 是长度为 K 的向量，$\boldsymbol{f}^u$ 是关于 $h, \eta, \boldsymbol{\psi}^v_n$ 以及它们空间导数的函数，$\boldsymbol{f}^v$ 是关于 $h, \eta, \boldsymbol{\psi}^u_n$ 以及它们空间导数的函数。

与二维问题类似，三维层析水波理论也在 x 和 y 两个方向上分别采用中心差分方法来离散方程，并采用四阶 Adams 预测-校正法来进行时间步进。对于造波边界，三维层析水波理论采用线性波面和线性理论得到的流函数进行最小二乘拟合得到 x 和 y 两个方向上的流函数系数。对于布置在水池另一端的消波边界，也采用式(3-11)对 $\eta, \boldsymbol{\psi}^u_n$ 和 $\boldsymbol{\psi}^v_n$ 进行消波。在造波和消波边界之间的水池两侧边界，采用不可穿透的墙面边界条件。更多关于三维层析水波理论数值算法的详细内容请参考文献(赵彬彬等，2015a，2019)。

第9章 多向不规则波模拟

多向不规则波,即三维不规则波,包含不同传播方向的波浪成分。本章主要利用层析水波理论 HLIGN 有限水深模型对短峰波和三维聚焦波进行数值模拟。

9.1 短峰不规则波数值模拟

为了验证三维层析水波理论 HLIGN 有限水深模型模拟短峰不规则波的效果,我们在哈尔滨工程大学综合试验水池做了一系列短峰不规则波物理实验。实验照片如图 9-1 所示。

图 9-1 短峰不规则波水池实验照片

物理实验采用 JONSWAP 谱,对不同方向参数 Dir、谱峰因子 γ 和有义波高等多种海况进行了研究。本节选择其中一个实验工况,波浪参数如表 9-1 所示。

表 9-1 短峰波物理实验工况

选取谱	实验有义波高/m	实验谱峰周期/s	测试时间/min
JONSWAP ($\gamma=3.3$, Dir=2)	0.088	1.897	10

确定工况以后,采用层析水波理论进行模拟。首先选择与物理实验相同的JONSWAP谱和有义波高等参数进行波浪成分离散(俞聿修,2003)。经过收敛性分析,对该算例层析水波理论计算选用的主要参数如表9-2所示。

表9-2 计算参数

计算区域(长×宽×深)/(m×m×m)	计算网格(dx,dy)/m	时间步长 dt/s	计算时长/s	IGN级别 nL
50.0×30.0×10.0	(0.2, 0.2)	0.01	600	5

本章展示的数值模拟结果分为四类:浪高仪记录的波面时间历程、波面空间分布、由浪高仪波面时历反演得到的波谱以及该工况下短峰波的短期统计分布。

图9-2示出了四个浪高仪位置的波面时间历程。由于数值模拟采取随机相位,因此无法与物理实验波面时历进行比较,这里仅展示层析水波理论的数值结果。从测点位置看,1号和4号浪高仪沿着水池长度方向布置,2号和3号浪高仪垂直于水池长度方向布置,这两组浪高仪的连线正好呈"十"字形。由于这些浪高仪之间距离较小,因此波面时历在整体上差别不大。然而,也能看出波列从左向右的发展过程。

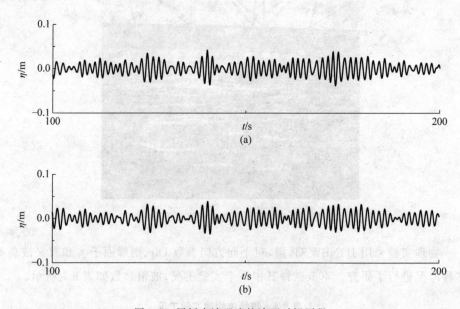

图9-2 层析水波理论的波面时间历程

(a) 1号浪高仪,$x=10.0$m,$y=15.0$m;(b) 2号浪高仪,$x=10.6$m,$y=14.4$m;
(c) 3号浪高仪,$x=10.6$m,$y=15.6$m;(d) 4号浪高仪,$x=11.2$m,$y=15.0$m

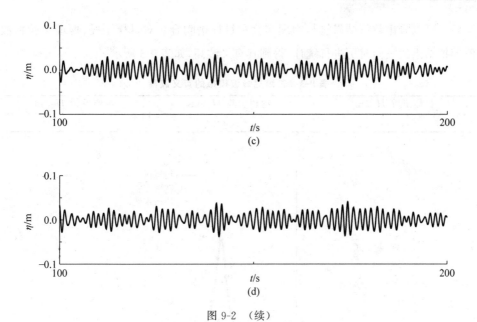

图 9-2 （续）

图 9-3 所示为仿真波面的波面空间分布,能更直接地反映波面的空间分布,它展示了 300s 时刻水池中各位置的波面高程。尽管从图中也可以看出短峰波的主浪向,然而由于存在多个方向的波浪成分,因此短峰波的波峰之间连线较短。

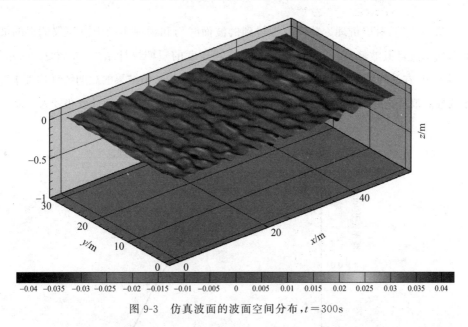

图 9-3　仿真波面的波面空间分布, $t=300\mathrm{s}$

图 9-4 所示的波面时历反演图展示了物理实验和数值模拟中浪高仪的波面时历反演谱。图中实线为该工况下的目标谱,○为物理实验结果,■为层析水波理论模拟

结果。可以看出数值结果能与物理实验和目标谱吻合。对目标工况、物理实验和数值模拟结果的波面时历进行统计,得到其有义波高,如表 9-3 所示。

表 9-3　三维短峰波模拟的有义波高

目标工况 H_s/m	物理实验 H_s/m	数值模拟 H_s/m
0.088	0.090	0.088

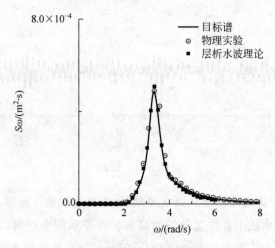

图 9-4　波面时历反演图

进一步地,对层析理论数值模拟得到的波面时历和物理实验中浪高仪测得的波面时历都统计其波峰高度,可以得到关于波峰高度的短期统计结果,如图 9-5 所示。可以看出,在波峰高度较大时,物理实验和层析水波理论数值结果的短期统计均大于基于线性波浪理论的瑞利分布。而层析水波理论和物理实验的短期统计分布较为一致。

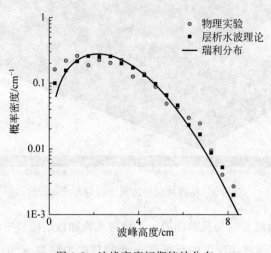

图 9-5　波峰高度短期统计分布

9.2 三维聚焦波数值模拟

Johannessen 和 Swan(2000)在实验室的物理水池中进行了一系列三维聚焦波实验。物理水池长27m,宽11m,水深1.2m。比照物理水池尺度,我们设置水池长25m,宽15m,深1.2m,如图9-6所示。

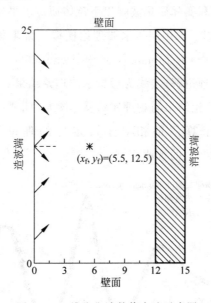

图 9-6　三维聚焦波数值水池示意图

让一系列不同频率的规则波在指定位置 $x_f = 5.5$ m 和 $y_f = 12.5$ m 处聚焦,聚焦时间为50s。物理实验中设置了包含不同波幅和方向参数的一系列工况,这里我们选择表9-4所示的工况进行模拟,包含两种不同的方向因子和输入波幅(Johannessen,Swan,2000)。

表 9-4　三维聚焦波物理实验工况

工况	输入波幅 A/m	方向因子 s	频率范围/Hz	波浪份数	测试时间/s
Case 1	0.093	4	0.828~1.250	28	64
Case 2	0.078	45			

采用层析水波理论对该算例计算选用的主要参数如表9-5所示。

表 9-5 计算参数

工况	计算区域(长×宽×深)/(m×m×m)	计算网格(dx,dy)/m	时间步长 dt/s	计算时长/s	IGN 级别 nL
Case 1	25.0×15.0×1.2	(0.025, 0.05)	0.005	60	5
Case 2					

本章展示的数值模拟结果分为三类：实际聚焦位置处浪高仪时间历程、实际聚焦时刻波面空间分布和实际聚焦波峰以下流体质点水平速度的垂向分布。

图 9-7 和图 9-8 示出了采用层析水波理论模拟三维聚焦波的实际聚焦位置处浪高仪的时间历程。图中。为 Johannessen 和 Swan(2000)的物理实验结果，虚线为线性波浪理论给出的理论解，实线为层析水波理论结果。可以看出，由于该算例非线性较强，层析水波理论结果与物理实验基本吻合，明显好于线性波浪理论。从实际聚焦位置看，两个算例都相对于设定好的理论聚焦位置有偏离，与 Johannessen 和 Swan(2000)的观测相符。

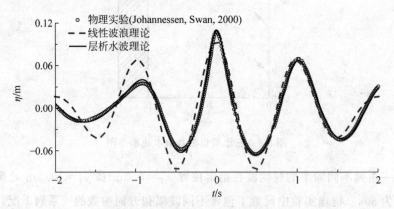

图 9-7 浪高仪时间历程(Case 1, $x=6.7$m, $y=12.5$m)

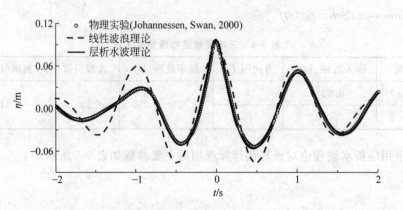

图 9-8 浪高仪时间历程(Case 2, $x=6.8$m, $y=12.5$m)

在速度场方面,图 9-9、图 9-10 示出了层析水波理论和线性波浪理论与物理实验的对比,可以看到,层析水波理论得到的流体水平速度垂向分布与物理实验的符合程度也好于线性波浪理论。

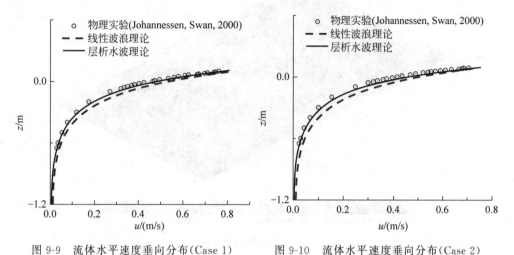

图 9-9　流体水平速度垂向分布(Case 1)　　图 9-10　流体水平速度垂向分布(Case 2)

图 9-11 和图 9-12 示出了实际聚焦时间,三维聚焦波面的空间分布情况。从图中可以看出,Case 1 比 Case 2 方向扩散性更强,聚焦波峰达到的高度也更高。

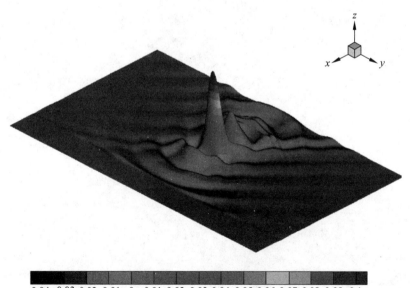

图 9-11　波面的空间分布(Case 1)

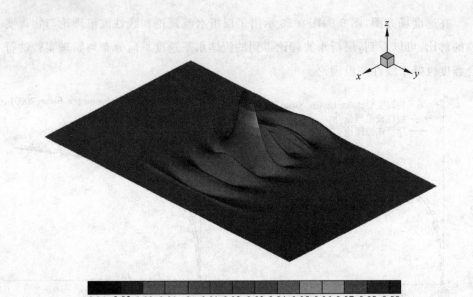

图 9-12　波面的空间分布（Case 2）

附 录

附录 A 定义变量的模块

该子程序用于变量的声明。

```
1.  module input_md
2.  implicit none
3.  integer*4                              :: nbottm, ngauge, npai, nL, nx
4.  integer*4                              :: nxzb, nxyb
5.  integer*4                              :: nbs, nmovie, nsnapshot
6.  real*8      :: pi, g, Lx, depth, jjx, jjt, dx, dt, xmin, smthfactor
7.  real*8, allocatable, dimension(:)      :: xbottm, abottm, gauge, pai
8.  real*8                                 :: runtime, tDamp, filterL
9.  end module input_md
10.
11. module input_wave_md
12. implicit none
13. integer*4                              :: nwave
14. real*8, allocatable, dimension(:)      :: wave_a, wave_w, wave_k
15. end module input_wave_md
16.
17. module main_md
18. implicit none
19. integer*4                              :: jt
20. real*8, allocatable, dimension(:)      :: betatmp
21. real*8, allocatable, dimension(:,:)    :: beta, betaT
22. real*8, allocatable, dimension(:,:,:)  :: phi, phiT
23. end module
24.
25. module prepare_md
26. implicit none
27. integer*4, allocatable, dimension(:)   : igauge, ipai
```

```
28.   end module
29.
30.   module coef_md
31.   implicit none
32.   real*8         :: bcoef,    bcoefT
33.   real*8,allocatable,dimension(:)      :: phicoef, phicoefT
34.   end module
35.
36.   module daoshu_md
37.   implicit none
38.   real*8       :: bt00, bt10, bt20, bt30, bt01, bt11, bt21
39.   real*8,allocatable,dimension(:)      :: phi00, phi10, phi20, phi30
40.   end module
41.
42.   module ign_md
43.   implicit none
44.   real*8,allocatable,dimension(:)      :: y1
45.   real*8,allocatable,dimension(:,:)    :: a1,   b1,   c1
46.   end module
47.
48.   module matrixcoef_md
49.   implicit none
50.   real*8,allocatable,dimension(:,:)    :: y
51.   real*8,allocatable,dimension(:,:,:)  :: a,b,c,d,e
52.   end module
53.
54.   module solve_md
55.   implicit none
56.   real*8,allocatable,dimension(:,:)    :: xi,  s
57.   real*8,allocatable,dimension(:,:,:)  :: g,   h
58.   end module
59.
60.   module xABC_md
61.   implicit none
62.   real*8,allocatable,dimension(:,:)    :: xA, xB, xB1, xC, xC1, xC2
63.   end module
64.
65.   module liuhanshu_md
66.   implicit none
67.   integer*4                            :: nfun1
68.   real*8                               :: d1, t1, h1, u1, k1
69.   real*8,dimension(:)                  :: eta1(25), c1(25), amp1(0:25)
70.   end module
```

附录 B 维度大小设置

该子程序用于定义可变数组的维度。

```
1.   subroutine allocat()          !批量化分配数组 大小
2.   use main_md,only:betatmp,beta,betaT,phi,phiT
3.   use input_md,only: nl, nx
4.   use coef_md,only: phicoef, phicoefT
5.   use daoshu_md,only: phi00,   phi10,   phi20,   phi30
6.   use ign_md,only:a1,b1,c1,y1
7.   use matrixcoef_md,only:a,b,c,d,e,y
8.   use solve_md,only:xi,s,g,h
9.   use xABC_md,only:xA, xB, xB1, xC, xC1, xC2
10.  implicit none
11.
12.  allocate(xA(nl,nl),xB(nl,nl),xB1(nl,nl),xC(nl,nl),xC1(nl,nl),xC2(nl,nl))
13.  allocate( beta(-2:nx+3, -2:3),    phi(-2:nx+3,nl,-2:2))
14.  allocate(betat(-2:nx+3, -2:2), phit(-2:nx+3,nl,-2:2))
15.  allocate(betatmp(-2:nx+3))
16.  allocate(phicoef(nl),phicoefT(nl))
17.  allocate(phi00(nl),phi10(nl),phi20(nl),phi30(nl))
18.  allocate(a1(nl,nl),b1(nl,nl),c1(nl,nl))
19.  allocate(y1(nl))
20.  allocate(a(nl,nl,nx),b(nl,nl,nx),c(nl,nl,nx),d(nl,nl,nx),e(nl,nl,nx))
21.  allocate(y(nl,nx))
22.  allocate(g(nl,nl,nx),h(nl,nl,nx))
23.  allocate(s(nl,nx))
24.  allocate(xi(nl,nx))
25.  return
26.  end
```

参 考 文 献

竺艳蓉,1991.海洋工程波浪力学[M].天津:天津大学出版社.
李金宣,柳淑学,HONG Key-yong H,2008.非线性波浪的数值模拟[J].大连理工大学学报(3):430-435.
李积德,1992.船舶耐波性[M].哈尔滨:哈尔滨船舶工程学院出版社.
秦楠,鲁传敬,李杰,2013.数值波流水池构造方法研究[J].水动力学研究与进展(A辑),(3):113-120.
宋皓,崔维成,刘应中,2002. Comparison of Linear Level I Green-Naghdi Theory with Linear Wave Theory for Prediction of Hydroelastic Responses of VLFS[J].中国海洋工程(英文版),(3):283-300.
苏绍娟,王有志,王天霖,等,2020.数值波浪水槽波浪传递性能研究[J].舰船科学技术,42(5):61-65.
季新然,柳淑学,2016.基于势流理论和 OpenFOAM 的耦合模型对多向不规则波浪的模拟[J].水科学进展,27(1):88-99.
徐杨,赵彬彬,段文洋,等,2020.基于自由面风压扰动方法的强非线性波浪模拟[C]//第三十一届全国水动力学研讨会论文集:359-365.
俞聿修,2003.随机波浪及其工程应用[M].大连:大连理工大学出版社.
邹志利,2005.水波理论及其应用[M].北京:科学出版社.
赵彬彬,段文洋,2014.层析水波理论:GN 波浪模型[M].北京:清华大学出版社.
赵彬彬,杨婉秋,王战,等,2017.非线性水波在线性剪切流中的时域模拟[C]//第十四届全国水动力学学术会议暨第二十八届全国水动力学研讨会文集(上册):221-227.
赵西增,孙昭晨,梁书秀,2009.高阶谱方法建立三维畸形波聚焦模拟模型[J].海洋工程(1):33-39.
张洪生,周华伟,洪广文,2011.高阶非线性 Boussinesq 型方程及其数值验证[J].水动力学研究与进展(A辑)(3):265-277.
邹国良,2013.基于非静压方程的近岸波浪变形数值模拟研究[D].天津:天津大学.
庄园,万德成,2019.高阶谱方法与 CFD 方法耦合的数值模拟技术[C]//第三十届全国水动力学研讨会暨第十五届全国水动力学学术会议论文集(上册).
AI C,JIN S,2012. A multi-layer non-hydrostatic model for wave breaking and run-up[J]. Coastal Engineering,62:1-8.
AI C,MA Y,YUAN C,et al.,2019. A 3D non-hydrostatic model for wave interactions with structures using immersed boundary method[J]. Computers & Fluids,186:24-37.
AI C,MA Y,YUAN C,et al.,2019. Development and assessment of semi-implicit nonhydrostatic models for surface water waves[J]. Ocean Modelling,144:101489.
BORGMAN L E,CHAPPELEAR J E,1957. The use of the Stokes-Struik approximation for waves of finite height[J]. Coastal Engineering Proceedings,(6):16.
BONNETON P,BARTHÉLEMY E,CHAZEL F,et al.,2011. Recent advances in Serre-Green Naghdi modelling for wave transformation, breaking and runup processes[J]. European Journal of Mechanics-B/Fluids,30(6):589-597.

参考文献

BALDOCK T E,SWAN C,TAYLOR P H,1996. A laboratory study of nonlinear surface waves on water[J]. Philosophical Transactions of the Royal Society of London. Series A：Mathematical,Physical and Engineering Sciences,354(1707)：649-676.

CLAUSS G F,SCHMITTNER C E,STÜCK R,2005. Numerical wave tank：Simulation of extreme waves for the investigation of structural responses[C]//International Conference on Offshore Mechanics and Arctic Engineering,41979：785-792.

CALZADA de la P,QUINTANA P,BURGOS M A,2003. Investigation on the Capability of aNon Linear CFD Code to Simulate Wave Propagation[R]. Industria De Turbo Propulsores Madrid(Spain).

CHEN X B,LI R P,ZHAO B B,2018. A primary analysis of water wavefront[C]. Proc. 33rd intl workshop on water waves and floating bodies,guidel-plages,France：17-20.

DEAN R G,1965. Stream function representation of nonlinear ocean waves[J]. Journal of Geophysical Research,70(18)：4561-4572.

DOMMERMUTH D G,YUE D K P,1987. A high-order spectral method for the study of nonlinear gravity waves[J]. Journal of Fluid Mechanics,184：267-288.

DUCROZET G,BONNEFOY F,LE TOUZÉ D,et al.,2012. A modified high-order spectral method for wavemaker modeling in a numerical wave tank[J]. European Journal of Mechanics-B/Fluids,34：19-34.

DEMIRBILEK Z,WEBSTER W C,1992. Application of the Green-Naghdi Theory of Fluid Sheets to Shallow-Water Wave Problems. Report 1. Model Development[R]. Coastal Engineering Research Center Vicksburg MS.

DUAN W Y,ZHENG K,ZHAO B B,et al.,2016. On wave-current interaction by the Green-Naghdi equations in shallow water[J]. Natural Hazards. 84(2)：567-583.

DUAN W Y,ZHENG K,ZHAO B B,et al.,2017. Steady solutions of high-level Irrotational Green-Naghdi equations for strongly nonlinear periodic waves[J]. Wave Motion,72：303-316.

DUAN W Y,WANG Z,ZHAO B B,et al.,2018a. Steady solution of solitary wave and linear shear current interaction[J]. Applied Mathematical Modelling,60：354-369.

DUAN W Y,WANG Z,ZHAO B B,et al.,2018b. Steady solution of the velocity field of steep solitary waves[J]. Applied Ocean Research,73：70-79.

DONG G,FU R,MA Y,et al.,2019. Simulation of unidirectional propagating wave trains in deep water using a fully non-hydrostatic model[J]. Ocean Engineering,180：254-266.

DUAN W. Y,ZHENG K,ZHAO B B,2019. The Time Domain Simulations of the Improved HLIGN Model for Steep,Broadband Deep-water Ocean Waves[C]. Conference proceedings,the Japan Society of Naval Architects and Ocean Engineers (JASNAOE),June 3-4,Nagasaki,Japan,28：171-175.

DUTYKH D,CLAMOND D,2014. Efficient computation of steady solitary gravity waves[J]. Wave Motion,51(1)：86-99.

ERTEKIN R C,HAYATDAVOODI M,KIM J W,2014. On some solitary and cnoidal wave diffraction solutions of the Green-Naghdi equations[J]. Applied Ocean Research,47：125-137.

FANG K,LIU Z,SUN J,et al.,2020. Development and validation of a two-layer Boussinesq model for simulating free surface waves generated by bottom motion[J]. Applied Ocean Research, 94: 101977.

FORRISTALL G Z, 1979. On the statistical distribution of wave heights in a storm[J]. Journal of Geophysical Research: Oceans, 83(C5): 2353-2358.

GOBBI M F, KIRBY J T, WEI G E, 2000. A fully nonlinear Boussinesq model for surface waves. Part 2. Extension to O (kh) 4[J]. Journal of Fluid Mechanics, 405: 181-210.

GUYENNE P, NICHOLLS D P, 2008. A high-order spectral method for nonlinear water waves over moving bottom topography[J]. SIAM Journal on Scientific Computing, 30(1): 81-101.

GOMES M N, ISOLDI L A, OLINTO C R, et al., 2009. Computational modeling of a regular wave tank[C]//2009 3rd Southern Conference on Computational Modeling. IEEE: 60-65.

GORING D G, 1979. Tsunamis—the propagation of long waves onto a shelf[D]. California Institute of Technology.

GOBBI M F, KIRBY J T, 1999. Wave evolution over submerged sills: tests of a high-order Boussinesq model[J]. Coastal Engineering, 37(1): 57-96.

HAYATDAVOODI M, ERTEKIN R C, 2015. Wave forces on a submerged horizontal plate-Part I: Theory and modelling[J]. Journal of Fluids and Structures, 54: 566-579.

HAYATDAVOODI M, ERTEKIN R C, 2015. Wave forces on a submerged horizontal plate-Part II: Solitary and cnoidal waves[J]. Journal of Fluids and Structures, 54: 580-596.

HAYATDAVOODI M, ERTEKIN R C, VALENTINE B D, 2017. Solitary and cnoidal wave scattering by a submerged horizontal plate in shallow water[J]. AIP Advances, 7(6): 065212.

HAYATDAVOODI M, NEILL D R, ERTEKIN R C, 2018. Diffraction of cnoidal waves by vertical cylinders in shallow water[J]. Theoretical and Computational Fluid Dynamics, 32(5): 561-591.

HAMMACK J, HENDERSON D, GUYENNE P, et al., 2005. Solitary-wave collisions[M]//AdvancesIn Engineering Mechanics—Reflections And Outlooks: In Honor of Theodore YT Wu: 173-194.

JACOBSEN N G, FUHRMAN D R, FREDSØE J, 2012. A wave generation toolbox for the open-source CFD library: OpenFoam® [J]. International Journal for Numerical Methods In Fluids, 70(9): 1073-1088.

JOHANNESSEN T B, SWAN C, 2001. A laboratory study of the focusing of transient and directionally spread surface water waves[J]. Proceedings of the Royal Society of London. Series A: Mathematical, Physical and Engineering Sciences, 457(2008): 971-1006.

KORTEWEG D J, De Vries G, 1895. On the change of form of long waves advancing in a rectangular canal, and on a new type of long stationary waves[J]. The London, Edinburgh, and Dublin Philosophical Magazine and Journal of Science, 39(240): 422-443.

KAMATH A, BIHS H, CHELLA M A, et al., 2015. Cfd simulations of wave propagation and shoaling over a submerged bar[J]. Aquatic Procedia, 4: 308-316.

KIM J W, ERTEKIN R C, 2000. A numerical study of nonlinear wave interaction in regular and irregular seas: irrotational Green-Naghdi model[J]. Marine Structures, 13(4-5): 331-347.

KIM J W, BAI K J, ERTEKIN R C, WEBSTER W C, 2001. A derivation of the Green-Naghdi equations for irrotational flows[J]. Journal of Engineering Mathematics, 40(1): 17-42.

LIU Z, FANG K, 2016. A new two-layer Boussinesq model for coastal waves from deep to shallow water: Derivation and analysis[J]. Wave Motion, 67: 1-14.

LIU Z B, FANG K Z, CHENG Y Z, 2018. A new multi-layer irrotational Boussinesq-type model for highly nonlinear and dispersive surface waves over a mildly sloping seabed[J]. Journal of Fluid Mechanics, 842: 323.

LIU W, NING Y, SHI F, et al., 2020. A 2DH fully dispersive and weakly nonlinear Boussinesq-type model based on a finite-volume and finite-difference TVD-type scheme[J]. Ocean Modelling, 147: 101559.

LI X, SUN W, XING Y, et al., 2020. Energy conserving local discontinuous Galerkin methods for the improved Boussinesq equation[J]. Journal of Computational Physics, 401: 109002.

LI Z, DENG G, QUEUTEY P, et al., 2019. Comparison of wave modeling methods in CFD solvers for ocean engineering applications[J]. Ocean Engineering, 188: 106237.

LIANG H, FALTINSEN O M, SHAO Y L, 2015. Application of a 2D harmonic polynomial cell (HPC) method to singular flows and lifting problems[J]. Applied Ocean Research, 53: 75-90.

LUTH H R, KLOPMAN G, KITOU N, 1994. Kinematics of waves breaking partially on an offshore bar[R]. LDV measurements of waves with and without a net onshore current, Delft Hydraulics.

MADSEN P A, FUHRMAN D R, 2010. High-order Boussinesq-type modelling of nonlinear wave phenomena in deep and shallow water[M]//Advances in numerical simulation of nonlinear water waves. World Scientific: 245-285.

MA Y, YUAN C, AI C, et al., 2019. Comparison between a non-hydrostatic model and OpenFOAM for 2D wave-structure interactions[J]. Ocean Engineering, 183: 419-425.

NWOGU O, 1993. Alternative form of Boussinesq equations for nearshore wave propagation[J]. Journal of Waterway, Port, Coastal, and Ocean Engineering, 119(6): 618-638.

NEWMAN J N, 1977. Marine hydrodynamics [M]. USA, Cambridge: The Massachusetts Institute of Technology press.

PEREGRINE D H, 1967. Long waves on a beach[J]. Journal of fluid mechanics, 27(4): 815-827.

PELINOVSKY E N, KUZNETSOV K I, TOUBOUL J, et al., 2015. Bottom pressure caused by passage of a solitary wave within the strongly nonlinear Green-Naghdi model[C]//Doklady Physics. Pleiades Publishing, 60(4): 171-174.

RIENECKER M M, FENTON J D, 1981. A Fourier approximation method for steady water waves[J]. Journal of Fluid Mechanics, 104: 119-137.

STOKES G G, 1880. On the theory of oscillatory waves[J]. Transactions of the Cambridge Philosophical Society.

SHARMA J N, DEAN R G, 1981. Second-order directional seas and associated wave forces[J]. Society of Petroleum Engineers Journal, 21(1): 129-140.

SKJELBREIA L, HENDRICKSON J, 1960. Fifth order gravity wave theory[J]. Coastal Engineering Proceedings, (7): 10.

SEIFFERT B R, DUCROZET G, BONNEFOY F, 2017. Simulation of breaking waves using the high-order spectral method with laboratory experiments: Wave-breaking onset[J]. Ocean Modelling, 119: 94-104.

SEIFFERT B R, DUCROZET G, 2018. Simulation of breaking waves using the high-order spectral method with laboratory experiments: wave-breaking energy dissipation[J]. Ocean Dynamics, 68(1): 65-89.

SHAO Y L, FALTINSEN O M, 2014. A harmonic polynomial cell (HPC) method for 3D Laplace equation with application in marine hydrodynamics[J]. Journal of Computational Physics, 274: 312-332.

SERRE F, 1953. Contribution à l'étude des écoulements permanents et variables dans les canaux [J]. La Houille Blanche, (6): 830-872.

SHIELDS J J, WEBSTER W C, 1988. On direct methods in water wave theory[J]. Journal of Fluid Mechanics, 197(1): 171-199.

SHI F, KIRBY J T, HARRIS J C, et al., 2012. A high-order adaptive time-stepping TVD solver for Boussinesq modeling of breaking waves and coastal inundation[J]. Ocean Modelling, 43: 36-51.

TOUBOUL J, PELINOVSKY E, 2018. On the use of linear theory to estimate bottom pressure distribution under nonlinear surface waves[J]. European Journal of Mechanics-B/Fluids, 67: 97-103.

TONG C, SHAO Y. HANSSEN F C W, et al., 2019. Numerical analysis on the generation, propagation and interaction of solitary waves by a Harmonic Polynomial Cell Method[J]. Wave Motion, 88: 34-56.

van RIJ J A, YU Y H, TOM N M, 2019. Validation of Simulated Wave Energy Converter Responses to Focused Waves for CCP-WSI Blind Test Series 2[R]. National Renewable Energy Lab. (NREL), Golden, CO (United States).

WEI G, KIRBY J T, GRILLI S T, et al., 1995. A fully nonlinear Boussinesq model for surface waves. Part 1. Highly nonlinear unsteady waves[J]. Journal of Fluid Mechanics, 294: 71-92.

WEST B J, BRUECKNER K A, JANDA R S, et al., 1987. A new numerical method for surface hydrodynamics[J]. Journal of Geophysical Research: Oceans, 92(C11): 11803-11824.

WEBSTER W C, DUAN W Y, ZHAO B B, 2011. Green-Naghdi theory, part A: Green-Naghdi (GN) equations for shallow water waves[J]. Journal of Marine Science and Application, 10(3): 253.

WANG Z, ZHAO B B, DUAN W Y, et al., 2020. On solitary wave in nonuniform shear currents [J]. Journal of Hydrodynamics, 32(4): 800-805.

WEBSTER W C, KIM D Y, 1990. The dispersion of large-amplitude gravity waves in deep water [C]//Proceedings of the 18th Symposium on Naval Hydrodynamics: 397-415.

WEBSTER W C, ZHAO B B, 2018. The development of a high-accuracy, broadband, Green-Naghdi model for steep, deep-water ocean waves[J]. Journal of Ocean Engineering and Marine Energy, 4(4): 273-291.

WANG J B, FALTINSEN O M, DUAN W Y, 2020. A high-order harmonic polynomial method for solving the Laplace equation with complex boundaries and its application to free-surface flows. Part Ⅰ: two-dimensional cases[J]. International Journal for Numerical Methods in Engineering.

XIAO Q, ZHU R, HUANG S, 2019. Hybrid time-domain model for ship motions in nonlinear extreme waves using HOS method[J]. Ocean Engineering, 192: 106554.

XIAO Q, ZHOU W, ZHU R, 2020. Effects of wave-field nonlinearity on motions of ship advancing in irregular waves using HOS method[J]. Ocean Engineering, 199: 106947.

XIA D, ERTEKIN R C, KIM J W, 2008. Fluid-structure interaction between a two-dimensional mat-type VLFS and solitary waves by the Green-Naghdi theory[J]. Journal of Fluids and Structures, 24(4): 527-540.

ZHANG T, LIN Z H, HUANG G Y, et al., 2020. Solving Boussinesq equations with a meshless finite difference method[J]. Ocean Engineering, 198: 106957.

ZHU W, GRECO M, SHAO Y, 2017. Improved HPC method for nonlinear wave tank[J]. International Journal of Naval Architecture and Ocean Engineering, 9(6): 598-612.

ZHAO B B, ZHENG K, DUAN W Y, et al., 2020. Time domain simulation of focused waves by High-Level Irrotational Green-Naghdi equations and Harmonic Polynomial Cell method[J]. European Journal of Mechanics-B/Fluids, 82: 83-92.

ZHAO B B, DUAN W Y, ERTEKIN R C, 2014a. Application of higher-level GN theory to some wave transformation problems[J]. Coastal Engineering, 83: 177-189.

ZHAO B B, ERTEKIN R C, DUAN W Y, et al., 2014b. On the steady solitary-wave solution of the Green-Naghdi equations of different levels[J]. Wave Motion, 51(8): 1382-1395.

ZHAO B B, DUAN W Y, ERTEKIN R C, et al., 2015a. High-level Green-Naghdi wave models for nonlinear wave transformation in three dimensions[J]. Journal of Ocean Engineering and Marine Energy, 1(2): 121-132.

ZHAO B B, ERTEKIN R C, DUAN W Y, et al., 2016a. New internal-wave model in a two-layer Fluid[J]. Journal of Waterway, Port, Coastal, and Ocean Engineering, 142(3): 04015022.

ZHAO B B, ERTEKIN R C, DUAN W Y, 2015b. A comparative study of diffraction of shallow-water waves by high-level IGN and GN equations[J]. Journal of Computational Physics, 283: 129-147.

ZHENG K, ZHAO B B, DUAN W Y, et al., 2016. Simulation of evolution of gravity wave groups with moderate steepness[J]. Ocean Modelling, 98: 1-11.

ZHAO B B, ZHANG T, DUAN W Y, et al., 2019. Application of three-dimensional IGN-2 equations to wave diffraction problems[J]. Journal of Ocean Engineering and Marine Energy, 5(4): 351-363.